全国职业教育改革发展示范学校建设规划教材

AutoCAD技能实训

AutoCAD JINENG SHIXUN

主　编　王文兵
副主编　王　鹏　赵　翔
编　者　王文兵　王　鹏　赵　翔　曹景棚
　　　　李　阳　杨　丹　曹永凤　尹韦俊
　　　　闵正波
主　审　刘尚华

时代出版传媒股份有限公司
安徽科学技术出版社

图书在版编目(CIP)数据

AutoCAD技能实训/王文兵主编. --合肥:安徽科学技术出版社,2007.9(2019.2重印)
全国职业教育改革发展示范学校建设规划教材
ISBN 978-7-5337-3829-7

Ⅰ.A… Ⅱ.王… Ⅲ.计算机辅助设计-应用软件,AutoCAD-专业学校-教材 Ⅳ.TP391.72

中国版本图书馆CIP数据核字(2007)第125901号

AutoCAD技能实训 王文兵 主编

出 版 人:丁凌云
责任编辑:王菁虹
装帧设计:王 艳
出版发行:安徽科学技术出版社(合肥市政务文化新区翡翠路1118号出版传媒广场,邮编:230071)
电 话:(0551)63533330
网 址:www.ahstp.net
经 销:新华书店
印 刷:合肥创新印务有限公司
开 本:787×1092 1/16
印 张:8.75
字 数:210千
版 次:2019年2月第3次印刷
定 价:27.00元

编委会名单

关 于 本 书

内容简介

本书是作者在总结多年 CAD 教学实践经验的基础上编写的。全书贯穿于 CAD 作图实例过程，突出为生产实际培养应用型人才的教学特点，加强教学内容的针对性、实用性和操作性，以适应中高等职业人才图样绘制能力的培养。

本书内容分为两大部分，上篇为 AutoCAD 绘图实例，包括 AutoCAD 基本操作，基本绘图，编辑命令的操作和使用，图层的设置和使用，视图的绘制，尺寸标注，零件图、装配图的绘制，文字注释，图块的使用，三维实体绘制 11 个教学模块，每一模块突出不同的教学重点，全面系统地介绍 AutoCAD 作图方法、过程和步骤，具有较强的可操作性；下篇为结合教学内容编写的 6 个实际操作训练实例，为 AutoCAD 教学的上机操作指导教材。通过实例的讲练结合，使学习者能较快掌握 CAD 作图方法，培养作图能力。

本书特点

AutoCAD 是美国 Autodesk 公司开发的计算机辅助设计软件，是目前工程技术人员有益的辅助设计和绘图工具，现已广泛应用于机械、电子、轻工、纺织等行业。由于这是一门实践性很强的技术，因此成为现代机械制造技术专业应用型人才培养必须掌握的技能。本书基本上采用 AutoCAD2007 版本予以介绍，其他版本的功能与此类似，可以通用。作者从事职业技术教育多年，具有多年 CAD 教学实践经验，现结合目前中等职业教育的变化和发展，针对学生特点，编写了本书。

本教材特点：

1. 以能力为本位，加强实践环节，体现“教、学、做”合一的职教特色。
2. 以人为本，贴近中职学生学习及心理特点；浅化理论，突出职业技能和实际可操作性。
3. 教学模块和实训内容的编排，充分考虑“机械制图”和“计算机绘图”的操作过程。
4. 注重贯彻新的国家标准《机械制图》和《机械工程 CAD 制图规则》。

读者对象

本书针对 CAD 软件注重实践的特点来编写，摆脱计算机软件以命令讲解为主的编写思路，结合实践教学特点和经验，对内容进行拓展，从实际操作过程进行讲解；内容深入浅出，符合现代职业教育以技能培养为目标的宗旨，适合目前中、高职学生特点。可供高职高专院校、中等职业学校以及相关院校的师生使用，也可作为工程技术人员自学参考书。

参加本书编写的有马鞍山工业学校的王文兵、王鹏、赵翔、曹景棚、李阳、杨丹、曹永凤、尹韦俊、闵正波，马鞍山工业学校王文兵老师主编，马鞍山工业学校刘尚华老师主审，并对本书编写提出指导性意见，在此一并表示衷心感谢。

由于编者水平有限，错误和不足在所难免，敬请读者批评指正。

目录

上篇　AutoCAD 绘图实例

下篇　上机练习

上篇　AutoCAD 绘图实例

第一章　AutoCAD 简介

本章学习目标：

★　了解 AutoCAD 的主要功能

★　了解 AutoCAD 的主要功能键

★　熟悉 AutoCAD 的用户界面

第一节　AutoCAD 的主要功能

AutoCAD 软件广泛应用于各个领域，是一个交互式通用绘图软件，能够实现人机对话，可用于机械、电子、建筑、土木等行业。AutoCAD 已经是一款功能非常强大的辅助设计软件。主要功能如下：

一、二维图形绘制功能

AutoCAD 提供了多种基本图形元素，如点、直线、圆、圆弧、多边形等。在绘制这些图元时，只要输入相应的命令，该软件立即判断生成该图元需要的基本参数，并以人机对话的方式提请用户输入有关的数据、选择值等信息。

二、三维造型功能

AutoCAD 是具有完整三维特性的造型系统，它在一个完全三维坐标系统中，能够确定空间任何一个特定的点或任何一个位置的图形对象，根据需要也能生成具有真实感的三维模型图样。

三、图形编辑功能

AutoCAD 对已绘图形有很强的编辑功能，如：擦除、修改、裁剪、复制、移动等。

四、显示功能和辅助绘图功能

AutoCAD在处理屏幕显示图形时，提供了放大、缩小及平移的功能。AutoCAD还能帮助用户快速准确地捕捉到图形对象中的某些特征点，例如圆心位置点，直线的端点、中点等，使绘图更加方便、准确。

第二节　AutoCAD的主要功能键

一、Esc键

该键主要被用来中止一个正在执行的命令或为了纠正用户的错误而返回到AutoCAD待命状态。

二、回车键和空格键

该两键的作用相同，是重复上次执行的命令，提高绘图的效率。

三、鼠标左、中、右键

鼠标左键主要是拾取键，鼠标右键(图1-1)主要是确定键，中键主要是缩放键(滚轮往上滚图形放大，往下滚图形缩小)。

图1-1　右键菜单

第三节　AutoCAD 的用户界面

AutoCAD2007 主要由工具栏、菜单栏、状态栏、绘图窗口和命令窗口等构成(见图 1-2)。用户在这种环境下可以方便地调用各种命令。

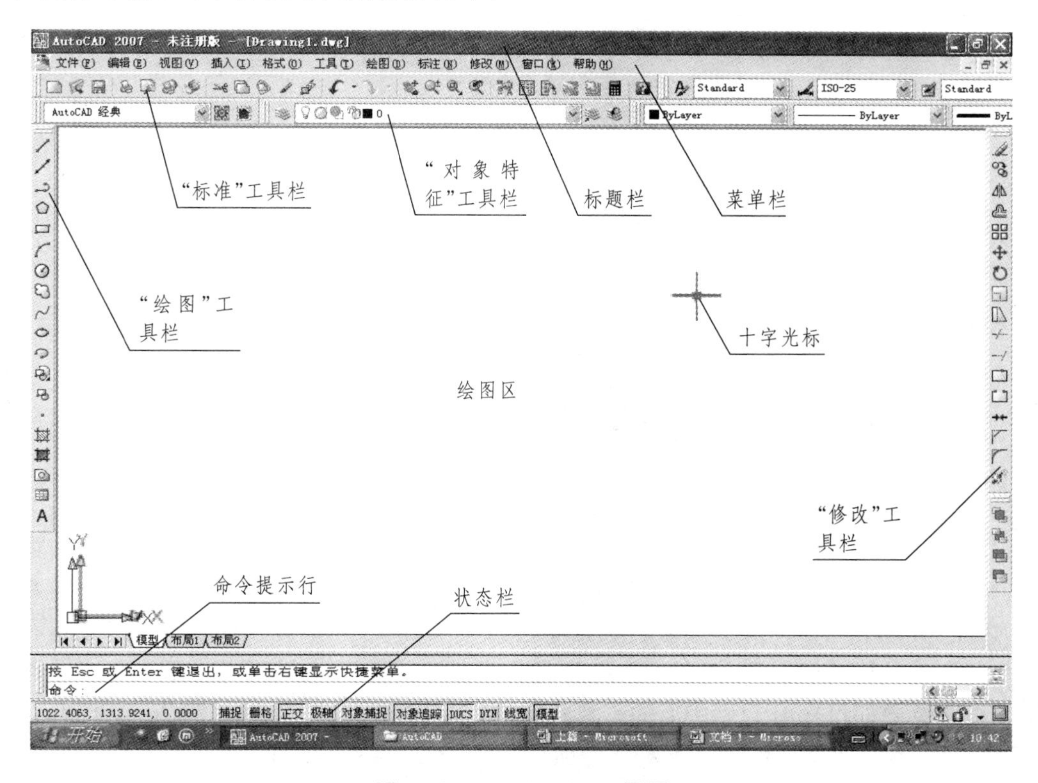

图 1-2　AutoCAD2007 界面

一、标题栏

标题栏出现在屏幕的顶部,用来显示当前正在运行的程序名及当前打开的图形文件名。标题栏的最左侧是“应用程序控制”按钮。如果没有打开任何文件,AutoCAD 将缺省图形文件名称为 DrawingN. dwg(N 随着打开文件的数目,依次显示为 1,2,3,…)。右侧的三个按钮依次为:“最小化”按钮、“还原窗口”按钮、“关闭应用程序”按钮。

二、菜单栏

AutoCAD 的菜单栏和其他 Windows 应用程序非常类似,单击主菜单即可弹出其相应的菜单项,菜单项下面可能有子菜单,子菜单下可能还有下一级子菜单,选择相应的选项即可执行或启动该命令。如图 1-3。

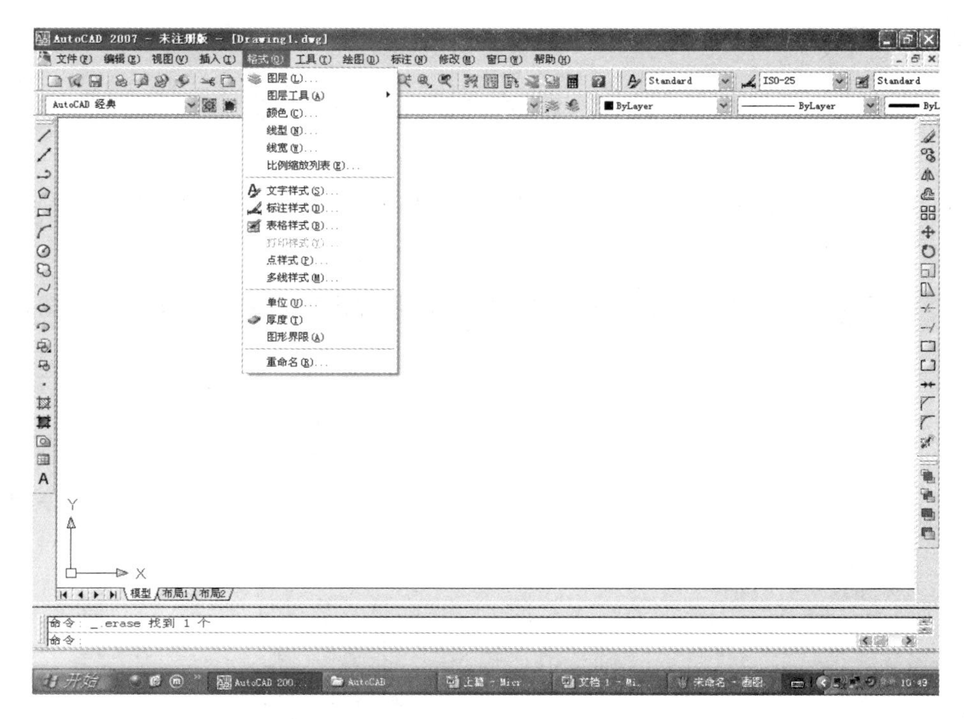

图 1－3　格式下拉菜单

三、工具栏

工具栏是 AutoCAD 重要的操作按钮，它包括了 AutoCAD 提供的所有命令。而这些工具栏可随意配置，每个工具栏可随意拖动并放于任意位置。缺省情况下，“标准”“对象特征”“绘图”“图层”等工具栏处于打开状态，如要显示当前隐藏的工具栏，可在任意工具栏上单击鼠标右键，从弹出菜单中即可随时调用所需的工具栏，如图 1－4 所示。

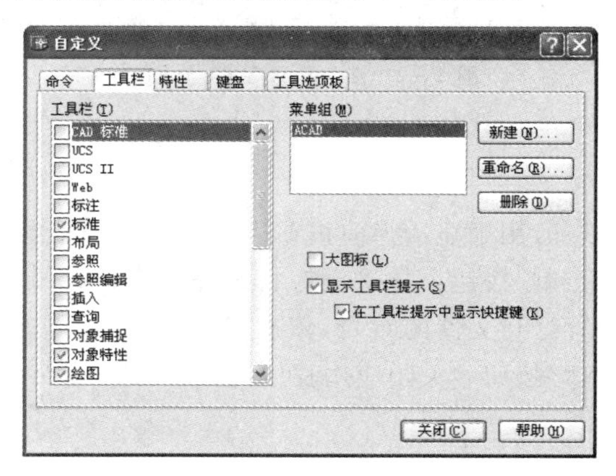

图 1－4　“工具栏”对话框

四、绘图区

绘图区是用户进行图形绘制的区域。绘图区没有边界，利用视窗缩放功能，可使绘图区无限增大或缩小。因此，无论多大的图形，都可放置其中。

五、“命令输入”窗口

在绘图区的下方是“命令输入”窗口(Command Window)。该窗口由两部分组成：“命令历史”窗口和“命令”行。如图 1-5 所示。

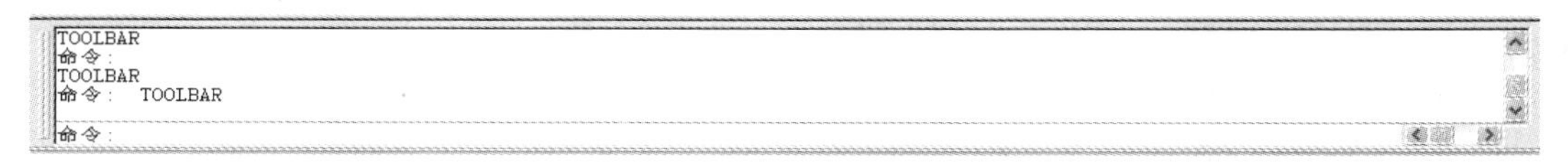

图 1-5 “命令输入”窗口

六、状态栏

AutoCAD 2007 用户界面的最下面是状态栏，它显示了当前的绘图状态。左侧显示当前十字光标所处位置的三维坐标，右侧为一些辅助绘图工具按钮的开关状态，如 SNAP、GRID、ORTHO、POLAR、OSNAP、OTRACK、LWT 和 MODEL 等。还可以设置某些开关按钮的选项配置。如图 1-6 所示。

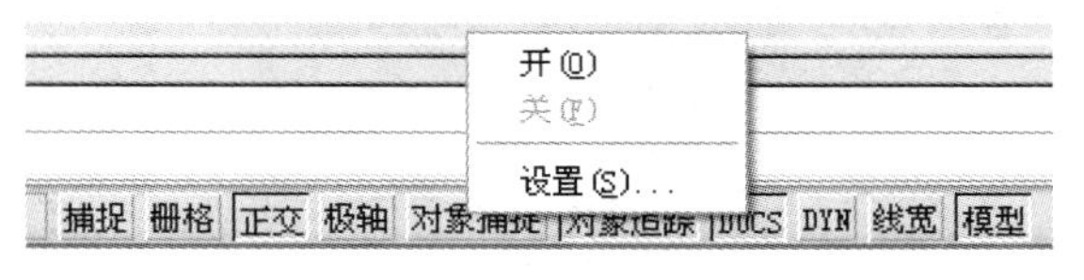

图 1-6 状态栏

本章小结

本章主要介绍了 AutoCAD2007 的功能、启动界面和一些基本的操作方法，使读者对 AutoCAD绘图有个初步的了解。

第二章　AutoCAD2007 绘图流程

本章学习目标：

★　了解 AutoCAD 绘图的基本过程

★　掌握 AutoCAD 图层的设置方法

★　掌握 AutoCAD 的草图设置方法

★　掌握 AutoCAD 绘图的一般原则

★　掌握 AutoCAD 绘制剖面线的方法

第一节　绘 图 示 例

本章主要以一典型例题来讲解 AutoCAD 绘图的流程。如图 2－1。

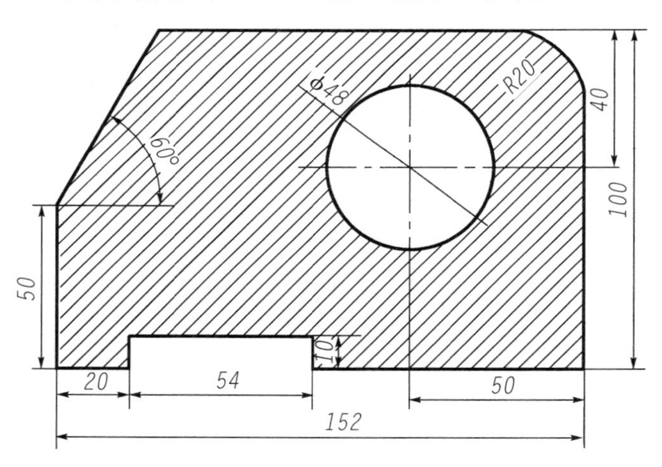

图 2－1　实例图

AutoCAD2007 绘图的一般步骤按照以下顺序进行：

（1）草图及环境设置。包括图形范围、单位、精度、对象捕捉方式、尺寸标注样式及图层等的设置，这里主要是针对图层的设置。捕捉方式的设置在绘图的过程中随时可以调整，尺寸标注设置可以在标注前进行，其他的也可以最后设置。

（2）图形的绘制。一般步骤是先绘制辅助线，主要是中心线和尺寸基准线的绘制，该线应单独放在一个图层里；然后利用 AutoCAD 的相关命令来完成图形轮廓线的绘制。

（3）尺寸标注。没有尺寸标注的图样是无效的，因此我们应该给图形标注出完整的尺寸。

(4) 绘制剖面线。当尺寸标注完成以后，采用“图案填充”命令给图形打上合适位置的剖面线。

(5) 完成文字编辑。包括标题栏、技术要求、明细表等。

(6) 输出图形。待图形校核无误以后，就可以打印出图形。

一、AutoCAD2007 软件的启动

直接双击桌面上的“AutoCAD2007 中文版”快捷图标，或者通过“开始—程序—Autodesk—AutoCAD2007”调用该绘图软件。

二、图层的设置

在图 2-1 中涉及粗实线(Solid)、中心线(Center)、剖面线(Hatch)、尺寸标注线(该层也可以在需要时再设)这四个层。

按照需要，现设置如下：包括增加“图层”，设置“颜色、线型”和“线宽”等。

单击“图层”按钮(见图 2-2)，会弹出“图层特性管理器”对话框。其中开始时只有 0 层，其他层为设置后的结果。

在“图层特性管理器”对话框中包含了“命令图层过滤器”区，包括“新建、删除、当前、显示细节”等按钮；中间列表显示了图层的“名称、开/关、冻结/解冻、锁定/解锁、颜色、线型、线宽、打印样式”和“打印”等信息。

相关术语：

当前层——当前正在其上绘制对象的图层。只能有一个图层是当前层。

开/关——图层的打开和关闭。当图层处于打开状态时，其中的图形可见并且可以打印输出；反之，则不能。

冻结——图层冻结时，该图层上的图形不可见(图形消息很多时，使用冻结可以提高系统的性能)。

解冻——使冻结的图层可见。

锁定——当锁定一个图层时，其中的图形不能被选中和编辑。

图层 0——开始绘制新图形时，AutoCAD 将创建一个名为“0”的特殊图层。默认情况下，“图层 0”将被指定编号为 7 的颜色(白色或黑色，由背景色决定)、Continuous 线型、“默认”线宽以及打印样式。“图层 0”不能被删除或重命名。

相应的图标按钮在“对象特征”工具栏的左侧。如图 2-2 所示。

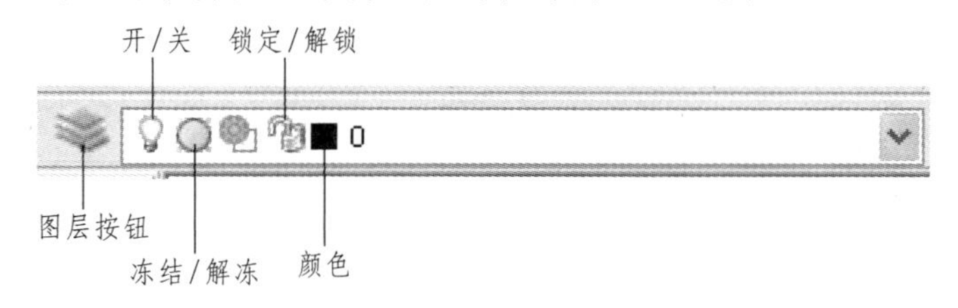

图 2-2 “对象特征”工具栏

三、图层特性管理器

使用图层特性管理器可以创建新图层，也能修改已有图层的特性。如图 2－3 所示。

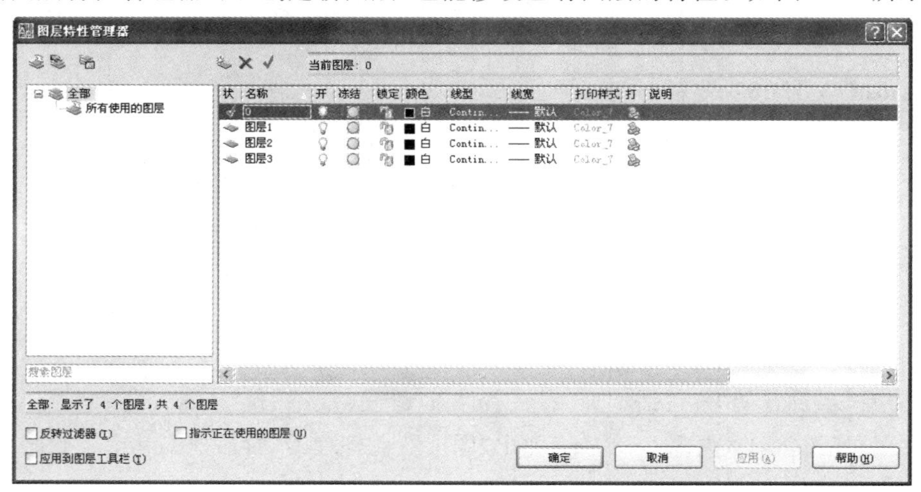

图 2－3　图层特性管理器

四、创建图层

创建新的图层并修改其属性。步骤如下：

(1) 在“对象特征”工具栏中，单击“图层”按钮 。在图层特性管理器中，单击“新建”按钮，图层列表框中显示名为“图层 1”的图层名。如图 2－4 所示。

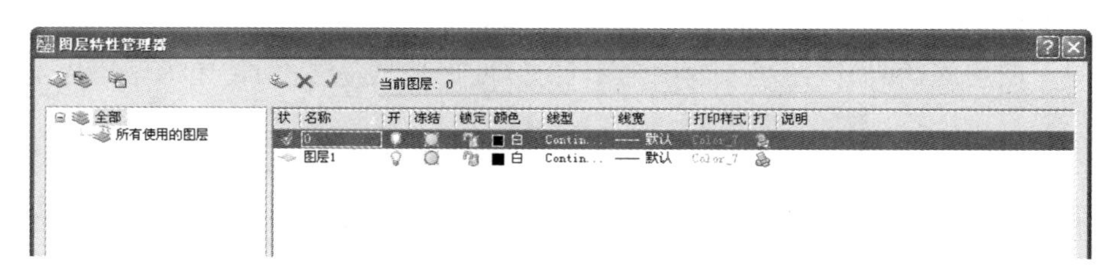

图 2－4　创建图层

(2) 在图层列表框中，输入“CENTER”或相应图层中文名称(如中心线层)，按回车键。

(3) 在图层列表框中，单击 CENTER 层“颜色”项目的白色样板，如图 2－5 所示；弹出“选择颜色”对话框，如图 2－6 所示。

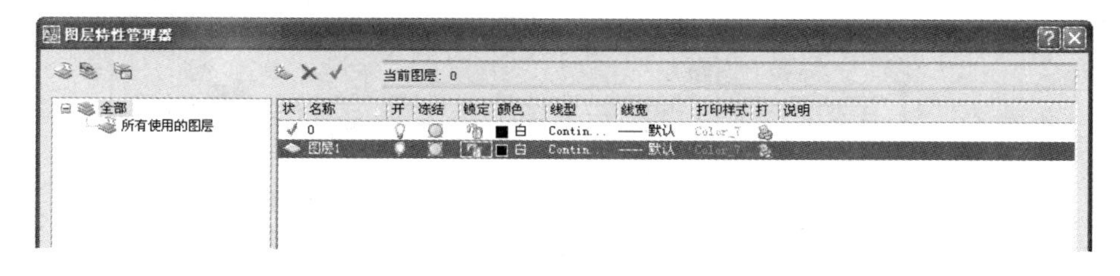

图 2－5　新建图层

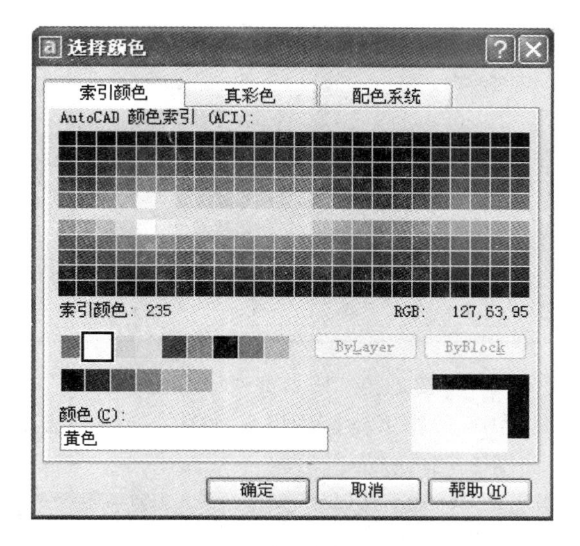

图 2-6 “选择颜色”对话框

(4) 在“选择颜色”对话框中,单击标准颜色中的“红色”后,再单击“确定”按钮,该层的颜色就变为红色。

(5) 在如图 2-5 所示的图层列表框中,单击 CENTER 层的“Continuous”线型,弹出“选择线型”对话框。如图 2-7 所示。

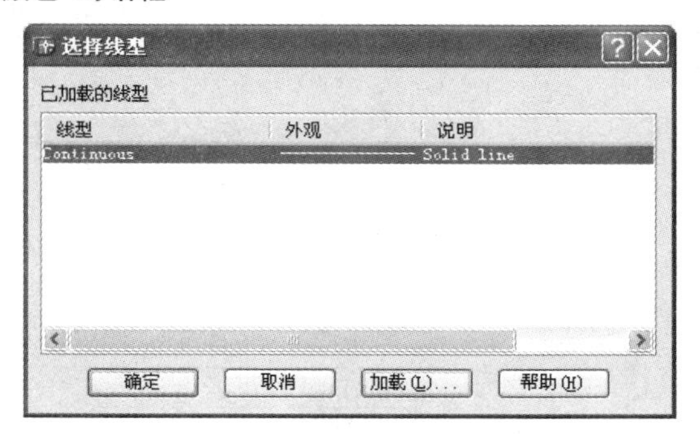

图 2-7 “选择线型”对话框

(6) 在“选择线型”对话框中,单击“加载”按钮,弹出“加载线型”对话框。具体步骤如下:

① 从“可用线型”列表中选择“CENTER”,单击“确定”按钮。如图 2-8 所示。

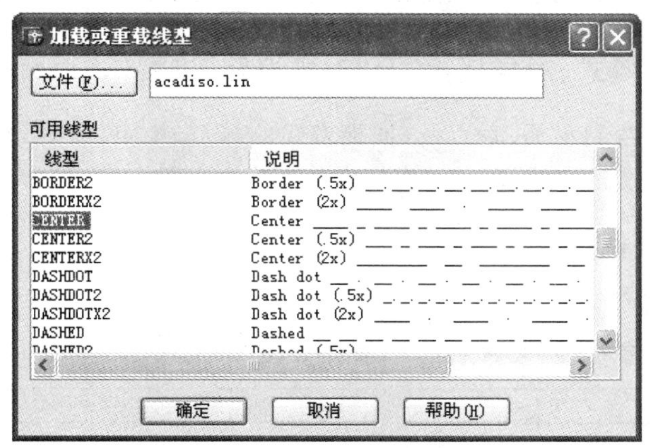

图 2-8 “加载线型”对话框

② 从“已加载的线型”中选择“CENTER”,单击“确定”按钮,该线型即被赋予新图层。如图 2-9 所示。

(7) 单击“确定”按钮,关闭“图层特性管理器”窗口。

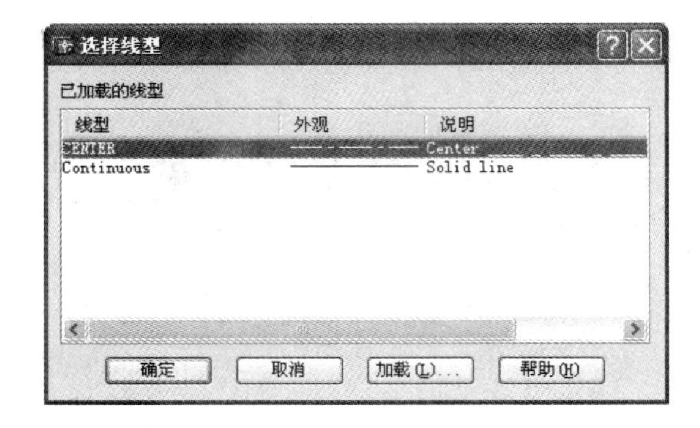

图 2-9 “选择线型”对话框

(8) 在“对象特征”工具栏中，选择下拉箭头以显示图层控制列表框，默认的“0”层和新建的“CENTER”层已在其中。如图 2-10 所示。

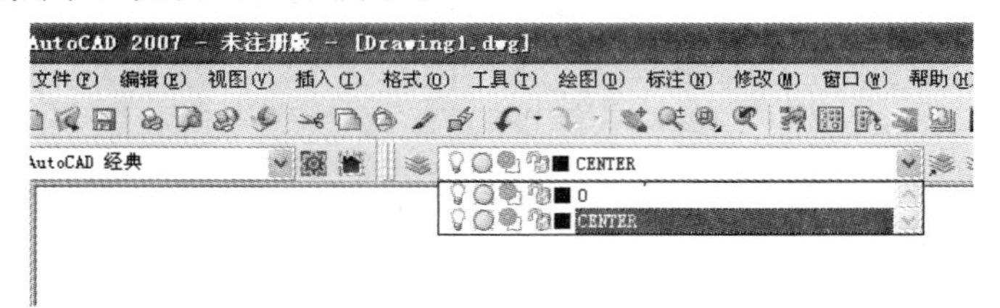

图 2-10 查看图层

按照以上步骤，完成上述 3 个图层的建立。如表 2-1。

表 2-1 图层清单

层　名	颜色	线型	线宽
0	白色	Continuous	默认
Solid	黑色	Continuous	0.4mm
Center	黄色	Center	默认
Hatch	青色	Continuous	默认

五、“正交、捕捉模式、对象捕捉”及“对象追踪”设置

在上例中，由于要绘制水平、垂直线，捕捉直线的端点、中点、交点，显示线宽等，所以绘图前，还要先进行辅助绘图的方式设置，可直接在状态栏中设置。

- 打开“正交”开关；
- 打开“线宽”开关；
- 打开“对象追踪”；
- 在状态栏中“对象捕捉”按钮上右击，弹出如图 2-11 所示的菜单。

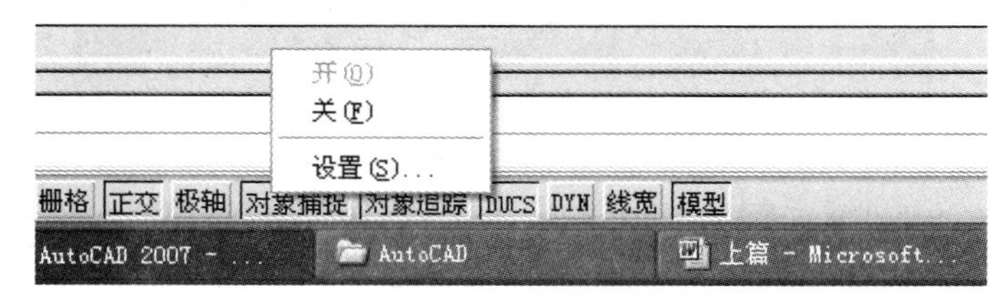

图 2-11 “对象捕捉”设置菜单

设置“对象捕捉”模式有端点、中点、交点、圆心，并打开“启用对象捕捉”，最后单击“确定”，推出“草图设置”对话框。如图 2－12 所示。

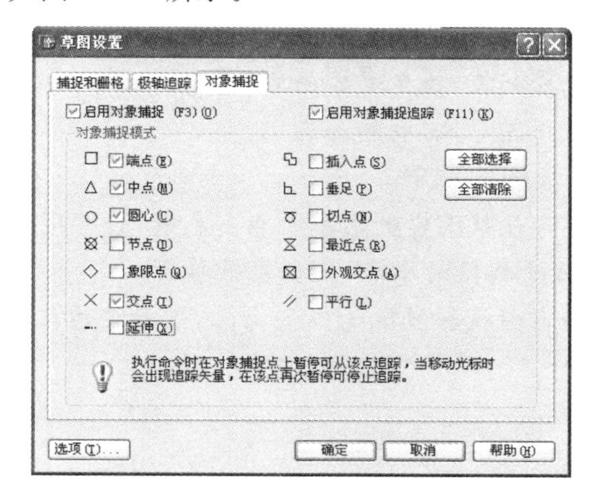

图 2－12 “草图设置”对话框

注：在使用对象捕捉时，可通过对象捕捉工具栏使用。

对象捕捉不是命令，只是一种状态，它必须是在某个命令执行过程中才能使用。

六、绘制图例

(1)图例轮廓线是粗实线。因此，首先选择图层，单击“图层”工具条中的图层列表框，弹出图层列表，单击“Solid”层。如图 2－13 所示。

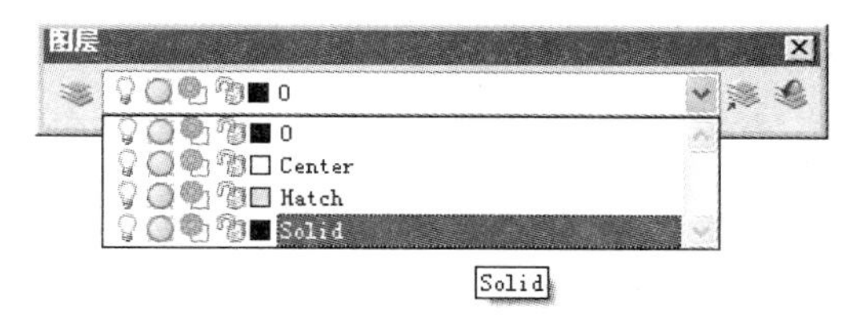

图 2－13 选择“粗实线”层

(2)绘制轮廓线。点击“直线”按钮，采用“方向＋距离”的方法(该方法将在下一章中详细讲解)绘制。如图 2－14。绘图步骤：

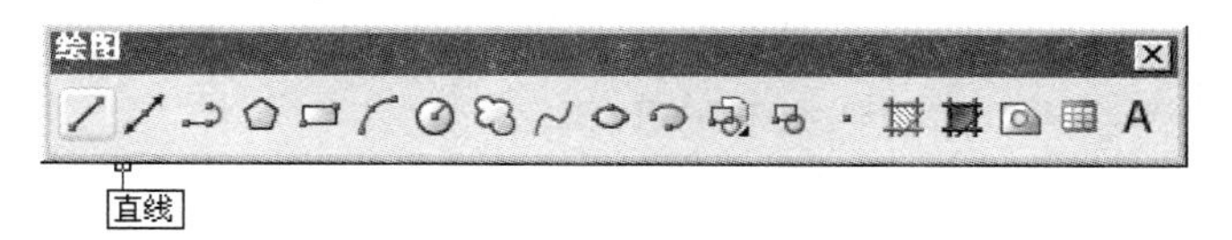

图 2－14 “绘图”工具条

line 指定第一点：300，300 ↙　　*作为起点 A*[*]

指定下一点：20 ↙　　*鼠标朝右，给定直线的方向，作为 B 点*

指定下一点：10 ↙　　*鼠标朝上，给定直线的方向，作为 C 点*

指定下一点：54 ↙　　*鼠标朝右，给定直线的方向，作为 D 点*

* **注：**全书楷体字部分为操作部分的解释。

指定下一点：10↙　鼠标朝下，给定直线的方向，作为 E 点
指定下一点：78↙　鼠标朝右，给定直线的方向，作为 F 点
指定下一点：100↙　鼠标朝上，给定直线的方向，作为 G 点
指定下一点：152↙　鼠标朝左，给定直线的方向，作为 H 点
指定下一点：c↙　闭合图形，回到起始点 A
得到图形的外围轮廓。如图 2－15。
(3)绘制 60°倾斜线。首先在状态栏的极轴上点击右键，设置极轴增量角为 60°。绘图步骤：
line 指定第一点：捕捉 AH 线段的中点，鼠标左键单击
指定下一点：捕捉 60°的追踪线与线段 HG 的交点，鼠标左键单击
指定下一点：右键确认
如图 2－16。

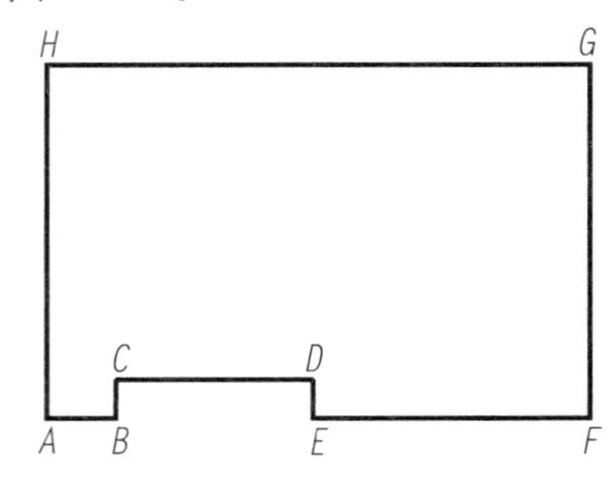

图 2－15　外围轮廓

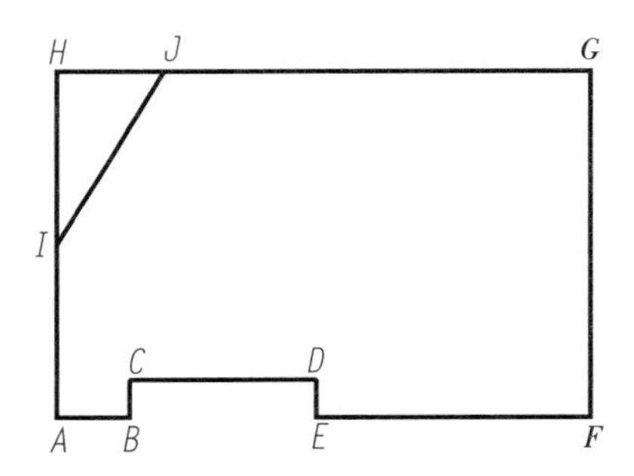

图 2－16　绘制 60°倾斜线

(4)修剪 HJ 和 HI 两线段。绘图步骤：
点击“修改”工具栏中的“修剪”按钮 -/-；
采用窗选，选中 HJ 和 HI 两线段的关联要素，右键确认；
点击 HJ 和 HI 两线段。
如图 2－17。
(5) 倒角。绘图步骤：
点击“修改”工具栏中的“圆角”按钮 ；
在命令行中输入“R”后回车，输入倒角的半径为 20，然后回车；
选中倒角所夹的两条边。即得到如下图形(图 2－18)。

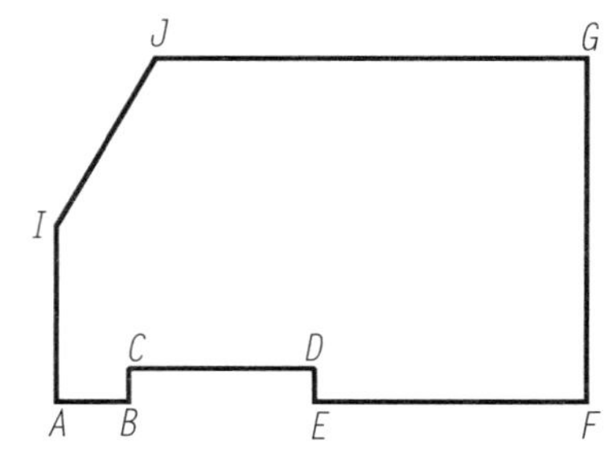

图 2－17　外围轮廓修剪后

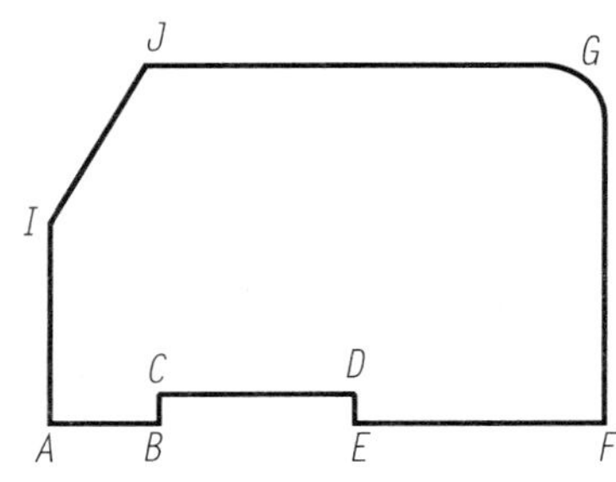

图 2－18　倒角后

(6)绘制图形的中心线和圆。绘图步骤：

首先采用“偏移”命令(在以后章节中将作详细讲解)，将 *GF* 线段向左偏 50；

然后再采用“偏移”命令将 *GJ* 线段向下偏 40；

将刚才偏移后的线段缩短；

采用特性匹配将偏移后的粗实线变成点划线；

点击按钮来绘制圆。即得到图 2－19 所示的中心线和圆。

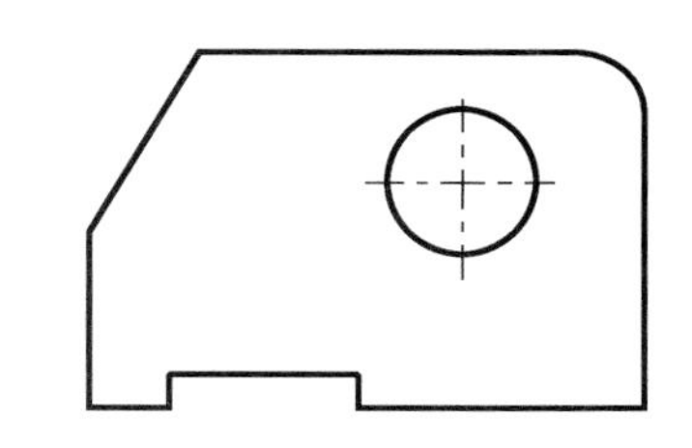

图 2－19　绘制图形的中心线和圆

(7) 绘制剖面线。绘图步骤：

① 关闭“Center”层，当前层改为“Hatch”层。剖面线绘制在“Hatch”层上，由于绘制剖面线时要选择边界，为了消除中心线的影响，在此之前，应将“Center”层关闭，并将当前层改为“Hatch”层。

如图 2－20 所示，单击“对象特征”工具条中“图层”列表框，在“Center”层最前面的上单击；关闭该层，黄色的变成蓝黑色的，此时即关闭了“Center”层，该层上的图线不显示。同时向下移动光标，在“Hatch”层上单击，使当前层改为“Hatch”层。

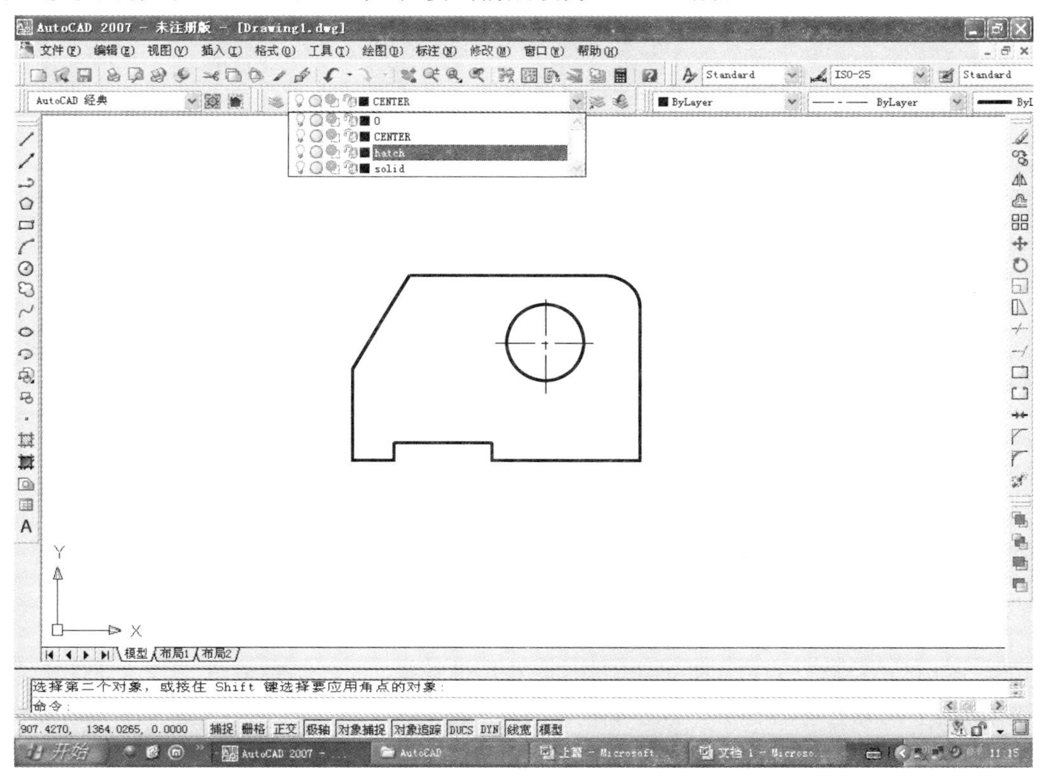

图 2－20　关闭“Center”层，当前层改为“Hatch”层

② 绘制剖面线。单击“绘图”工具栏中的“图案填充”按钮 绘图 图案填充，会弹出如图 2－21 所示的“边界图案填充”对话框。

首先设置填充图案类型、比例等参数。在该对话框中单击“图案”后的列表框，弹出系列图案名，选择“ANSI31”，将比例改为3(可根据需要进行设置)。

设定好以上参数后，单击“拾取点”按钮 拾取点(K)，系统将返回屏幕。在图形需要剖面线的地方按下鼠标左键，系统自动找出一封闭边界，并高亮显示。然后鼠标右键单击，在菜单中点击“确定”按钮，又返回到“边界图案填充”对话框，再单击“确定”按钮。这样就可以得到所需的剖面线。如图2-22。

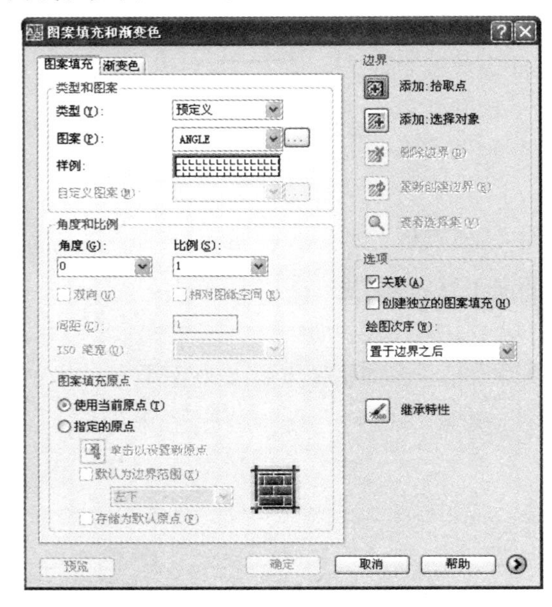

图2-21 “边界图案填充”对话框

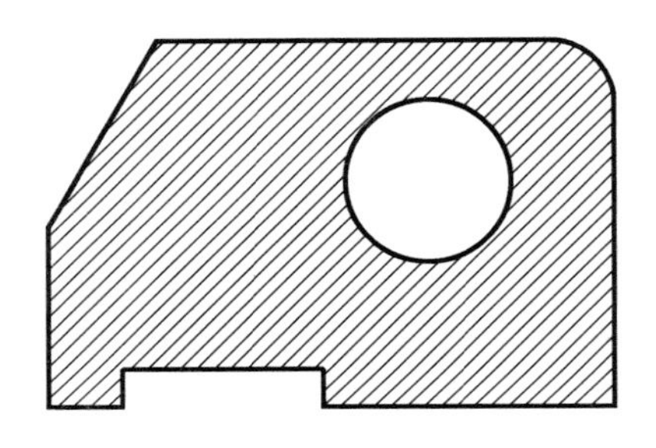

图2-22 图案填充后的图形

③ 打开“Center”层。接着打开被关闭的“Center”层，单击“对象特征”工具条中“图层”列表框，将蓝黑色点中，使之变成黄色的，这样就打开了“Center”层。

七、尺寸标注

没有尺寸标注的图样是无效的，因此在绘制完图形后要对图样进行尺寸标注(注意：在尺寸标注的时候，应将剖面线层关闭)。这部分内容将在后续章节中作详细介绍。

八、保存图形

由于AutoCAD软件自身的特点和防止断电死机等原因，可能会造成文件丢失，因此要养成习惯，每隔十几分钟就要保存一次。即单击按钮，将出现“图形另存为”对话框，在“文件名”文本框中输入绘图的文件名，例如“WWB”，然后单击“保存”按钮，系统将该图形以输入的文件名保存(如图2-23)。如果前面进行过存盘操作，之后再进行保存的话，就不会再出现该对话框，系统将自动进行保存。

九、输出图形

具体简单操作步骤如下：

(1) 在文件下拉菜单中选择“页面设置”，会弹出“页面设置”对话框，如图 2－24 所示。单击“打印设备”选项卡配置打印设备，在打印设备名称列表中选定 Windows 系统默认设备或 AutoCAD 的打印配置文件。

(2) 单击“布局设置”选项卡，选择图纸大小 A4(210. 00mm×297. 00mm)，尺寸单位为 mm，图形方向为横向，打印比例暂为默认值。如图 2－25 所示。

(3) 选择确定出图的缩放比例。待都确定无误后，点击“打印”按钮。

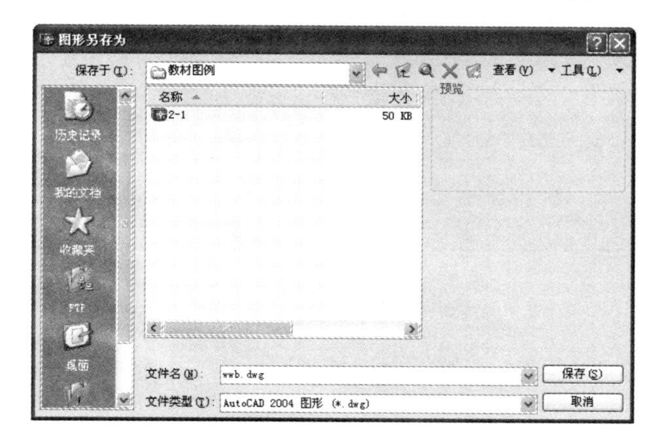

图 2－23 “图形另存为”对话框

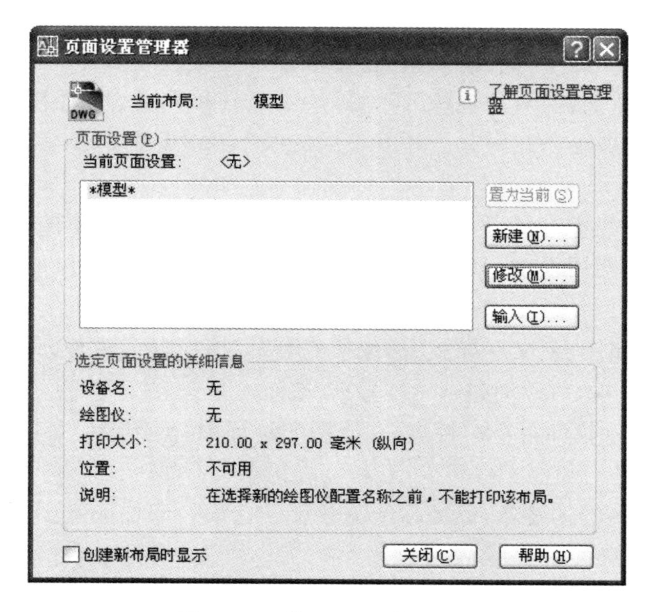

图 2－24 “页面设置”对话框

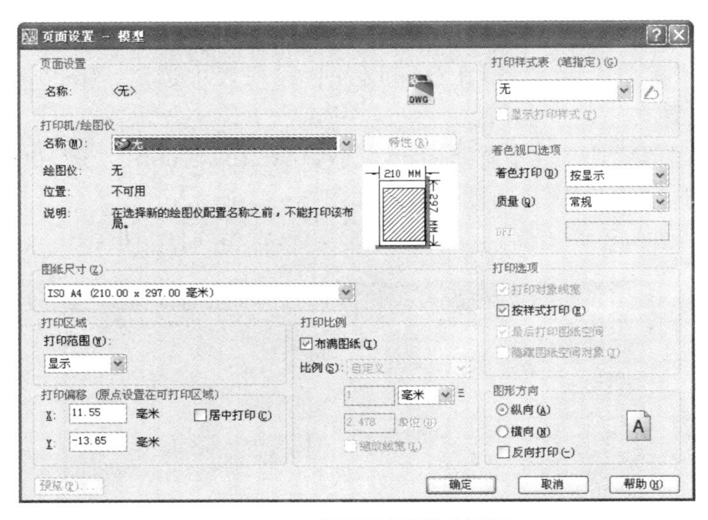

图 2-25 “页面设置”对话框

第二节　绘图的一般原则

（1）先设定图限→单位→图层后，再进入图形绘制。

（2）尽量采用 1∶1 的比例绘制，这样可以方便绘图，最后在布局中控制输出比例。

（3）要随时注意命令提示行的消息，它会提示每一步该进行什么样的操作，避免错误操作。

（4）注意采用“对象捕捉、对象追踪”等精确绘图工具和手段辅助绘图。

（5）图框不要和图形绘制在一起。还有不同的线型，如粗实线、细实线、虚线、点划线、剖面线等都应分层放置。

（6）命令提示行行数不应留得太多，这样会占用绘图区，一般保留两行就可以了。

（7）工具栏也不要调用很多，只要把常用的几个工具条调出就可以了。比如：“绘图”工具条、“修改”工具条、“尺寸标注”工具条，其他的可以在需要的时候调用。

（8）常用的设置（如图层、文字样式、标注样式等）应该保存成模板。新建图形时，直接利用模板生成初始绘图环境；也可以通过“CAD 标准”来统一。

（9）由于 AutoCAD 软件自身的特点，在绘图的过程中，操作者应每间隔十几分钟就要保存一次，以免文件丢失。

（10）还要掌握一些绘图技巧，以提高绘图效率。比如一些快捷键操作、鼠标三个键的灵活使用。

本章小结

本章主要以一个实例来讲解一个完整的 AutoCAD 绘图过程，其中讲到了图层的用途和操作方法、草图设置的方法等。读者应该熟练掌握这部分内容。

第三章　基本绘图命令实例

本章学习目标：

★　掌握点、直线的绘制

★　掌握构造线、多段线的绘制

★　掌握圆、圆弧的绘制

★　掌握选择集的方法和“修剪”命令

★　掌握“对象捕捉”设置

第一节　点的绘制

例 1 目标：首先绘制圆的圆心点，然后在圆周上均布 8 个点，完成图 3－1。

实现步骤：

(1) 选择点的样式。选择各种不同形式的点，则可以通过选择“格式”菜单，点击“点样式”菜单项，系统会出现如图3－2的对话框。

在此对话框中一共列出了 20 种点的样式，单击所要的任意一种样式，该框会变黑，表明该样式已被选中。所需的样式如图 3－2 所示，然后再通过点大小文本框来设定点的大小。

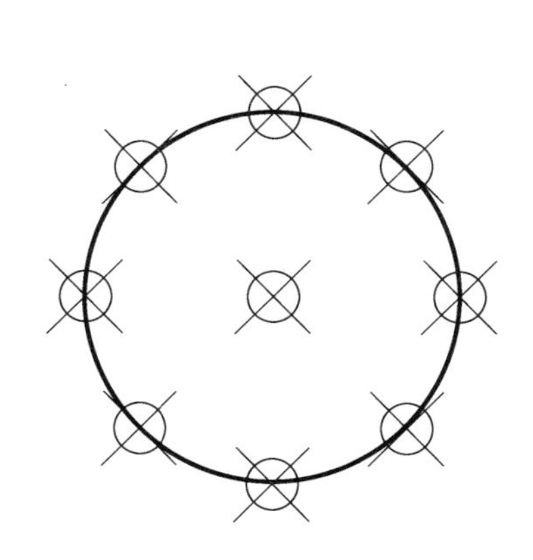

图 3－1　点绘制实例

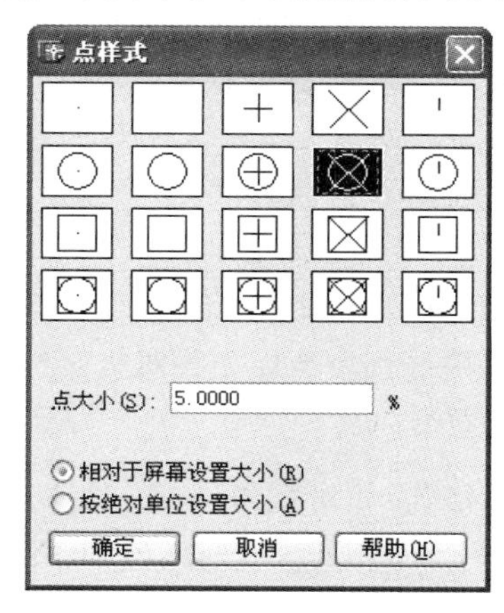

图 3－2　“点样式”对话框

(2) 绘制图 3－1 中圆的圆心点。步骤：单击“绘图”工具栏中的按钮 。

命令执行过程如下：

命令：point

当前点模式:PDMODE=0　PDSIZE=0

指定点:200,200↙　　(200,200)即为圆心点的坐标

(3) 绘制圆。以(200,200)点为圆心,以 40 为半径画一个圆。

(4) 绘制圆周上均布的 8 个点。单击“绘图”下拉菜单中的“点”,在子菜单中选择“定数等分”。

命令:divide

选择要定数等分的对象:上面绘制的圆↙

输入线段数目或[块(B)]:8↙

这样通过以上 4 步就可以完成图 3-1 的绘制,也就掌握了点的设置和绘制。

第二节　直线的绘制

直线的绘制方法包括:

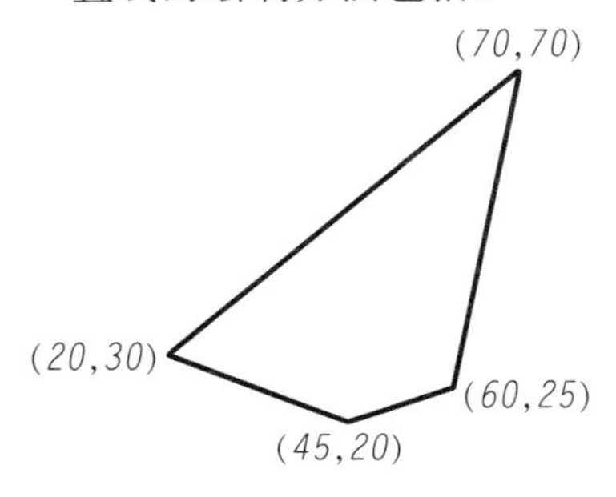

图 3-3　绝对坐标绘制直线实例

(1) 绝对坐标绘制直线。如例 2。

(2) 相对直角坐标绘制直线。如例 3。

(3) 相对极坐标绘制直线。如例 4。

(4) “方向+距离”绘制直线。如例 5。

例 2:采用绝对坐标绘制直线,完成图 3-3。

绝对坐标是基于原点(0,0)的,已知点坐标精确的 X 值和 Y 值时使用绝对坐标。

单击“绘图”工具栏中“直线”按钮。

命令:line 指定第一点:20,30

指定下一点或[放弃(U)]:45,20

指定下一点或[放弃(U)]:60,25

指定下一点或[闭合(C)/放弃(U)]:70,70

指定下一点或[闭合(C)/放弃(U)]:c

(注意:输入坐标时,横坐标数值与纵坐标数值之间要用英文逗号“,”隔开。)

例 3、4:相对坐标绘制直线。

相对坐标是指相对于前一个已知点的坐标,即给定点相对于前一个输入点坐标的增量。相对坐标有相对直角坐标和相对极坐标两种形式,输入格式与绝对坐标相同,但要在相对坐标的前面加上符号“@”。

输入格式:相对直角坐标　:@ X,Y

　　　　　相对极坐标　:@ 距离〈角度

(注意:角度是顺时针时为负值,逆时针时为正值。)

例 3:采用相对直角坐标绘制直线,完成图 3-4。

单击“绘图”工具栏中“直线”按钮。

命令:line 指定第一点:在屏幕上单击任意位置以指定左下角点

指定下一点或[放弃(U)]：@40,0
指定下一点或[放弃(U)]：@0,10
指定下一点或[闭合(C)/放弃(U)]：@－30,20
指定下一点或[闭合(C)/放弃(U)]：@－10,0
指定下一点或[闭合(C)/放弃(U)]：@0,－10
指定下一点或[闭合(C)/放弃(U)]：@10,0
指定下一点或[闭合(C)/放弃(U)]：@0,－10
指定下一点或[闭合(C)/放弃(U)]：@－10,0
指定下一点或[闭合(C)/放弃(U)]：c↙　回车退出"直线"命令

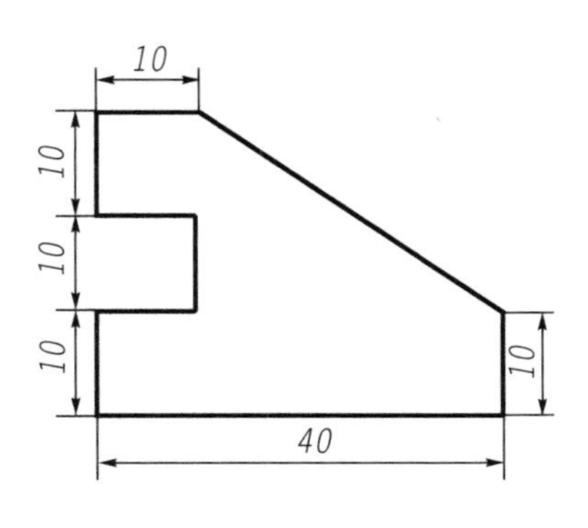

图3－4　相对直角坐标绘制直线实例

例4：采用相对极坐标绘制直线，完成图3－5。

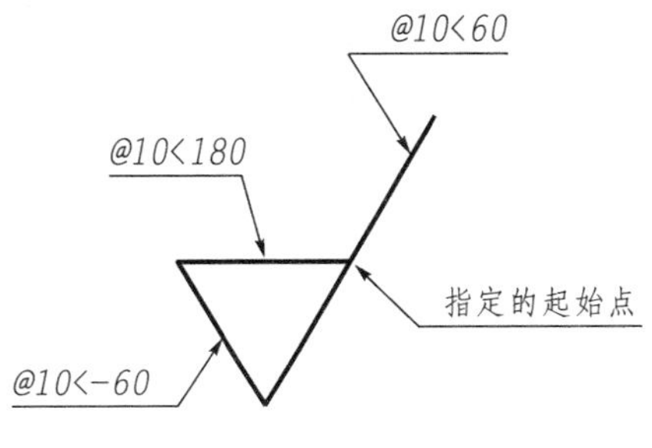

图3－5　相对极坐标绘制直线实例

单击"绘图"工具栏中"直线"按钮。
命令：line 指定第一点：在屏幕上任意指定
指定下一点或[放弃(U)]：@10<180
指定下一点或[放弃(U)]：@10<－60
指定下一点或[闭合(C)/放弃(U)]：@20<60
指定下一点或[闭合(C)/放弃(U)]：按回车键结束命令

例5：采用"方向＋距离"绘制直线，完成图3－4。

单击"绘图"工具栏中"直线"按钮。
命令：line 指定第一点：在屏幕上任意指定
指定下一点或[放弃(U)]：10
指定下一点或[放弃(U)]：10
指定下一点或[闭合(C)/放弃(U)]：10
指定下一点或[闭合(C)/放弃(U)]：10
指定下一点或[闭合(C)/放弃(U)]：10
指定下一点或[闭合(C)/放弃(U)]：10
指定下一点或[闭合(C)/放弃(U)]：40
指定下一点或[闭合(C)/放弃(U)]：10
指定下一点或[闭合(C)/放弃(U)]：c

(注意："方向＋距离"是指把"正交"打开，用鼠标给定直线的方向，在命令提示行中给定直线的距离。该方法适用于水平线和竖直线，用得比较广。)

第三节　多段线、构造线的绘制

多段线是作为单个对象创建的相互连接的序列线段。它可以包含一段或多段直线段和曲线段，可以有不同的线宽、变宽度的线段，可以被闭合。

例 6:绘制多段线,完成图 3-6。

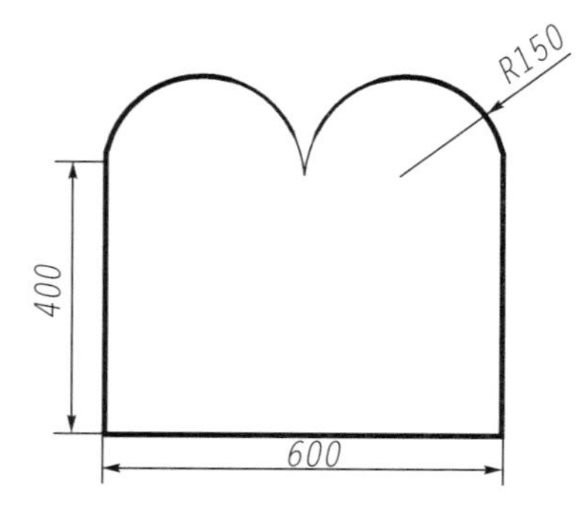

图 3-6　绘制多段线实例

单击"绘图"工具栏中"多段线"按钮。

命令:pline

指定起点:在屏幕上任意指定

当前线宽为 5.0000

指定下一点或 [圆弧(A)/半宽(H)/长度(L)/放弃(U)/宽度(W)]:w

指定起点宽度 <5.0000>:20

指定端点宽度 <20.0000>:

指定下一点或 [圆弧(A)/半宽(H)/长度(L)/放弃(U)/宽度(W)]:400

指定下一点或 [圆弧(A)/闭合(C)/半宽(H)/长度(L)/放弃(U)/宽度(W)]:600

指定下一点或 [圆弧(A)/闭合(C)/半宽(H)/长度(L)/放弃(U)/宽度(W)]:400

指定下一点或 [圆弧(A)/闭合(C)/半宽(H)/长度(L)/放弃(U)/宽度(W)]:w

指定起点宽度 <20.0000>:

指定端点宽度 <20.0000>:0

指定下一点或 [圆弧(A)/闭合(C)/半宽(H)/长度(L)/放弃(U)/宽度(W)]:a

指定圆弧的端点或[角度(A)/圆心(CE)/闭合(CL)/方向(D)/半宽(H)/直线(L)/半径(R)/第二个点(S)/放弃(U)/宽度(W)]:a

指定包含角:180

指定圆弧的端点或 [圆心(CE)/半径(R)]:r

指定圆弧的半径:150

指定圆弧的弦方向 <90>:180

指定圆弧的端点或[角度(A)/圆心(CE)/闭合(CL)/方向(D)/半宽(H)/直线(L)/半径(R)/第二个点(S)/放弃(U)/宽度(W)]:w

指定起点宽度 <0.0000>:

指定端点宽度 <0.0000>:20

指定圆弧的端点或[角度(A)/圆心(CE)/闭合(CL)/方向(D)/半宽(H)/直线(L)/半径(R)/第二个点(S)/放弃(U)/宽度(W)]:a

指定包含角:180

指定圆弧的端点或 [圆心(CE)/半径(R)]:r

指定圆弧的半径:150

指定圆弧的弦方向 <270>:180

指定圆弧的端点或[角度(A)/圆心(CE)/闭合(CL)/方向(D)/半宽(H)/直线(L)/半径(R)/第二个点(S)/放弃(U)/宽度(W)]:↙

例 7:绘制构造线。

构造线是指通过某两点或通过一点,并确定了方向的、向两个方向无限延长的直线。

完成角平分线的绘制。如图 3-7。

单击“绘图”工具栏中“构造线”按钮⟋。

命令：xline 指定点或［水平(H)/垂直(V)/角度(A)/二等分(B)/偏移(O)］：b

指定角的顶点：点击 1 点

指定角的起点：点击 2 点

指定角的端点：点击 3 点

指定角的端点：↙

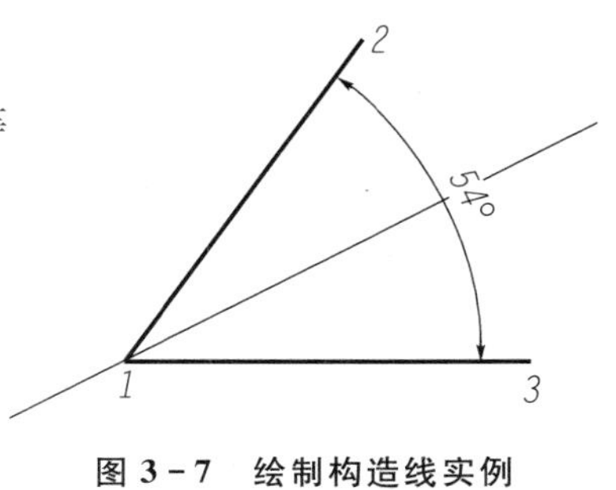

图 3-7 绘制构造线实例

第四节 圆的绘制

圆的绘制方法：

(1) 圆心＋半径。

(2) 圆心＋直径。

(3) 两点。

(4) 三点。

(5) 相切、相切、半径。

(6) 相切、相切、相切。

例 8：圆的绘制，完成图 3-8。

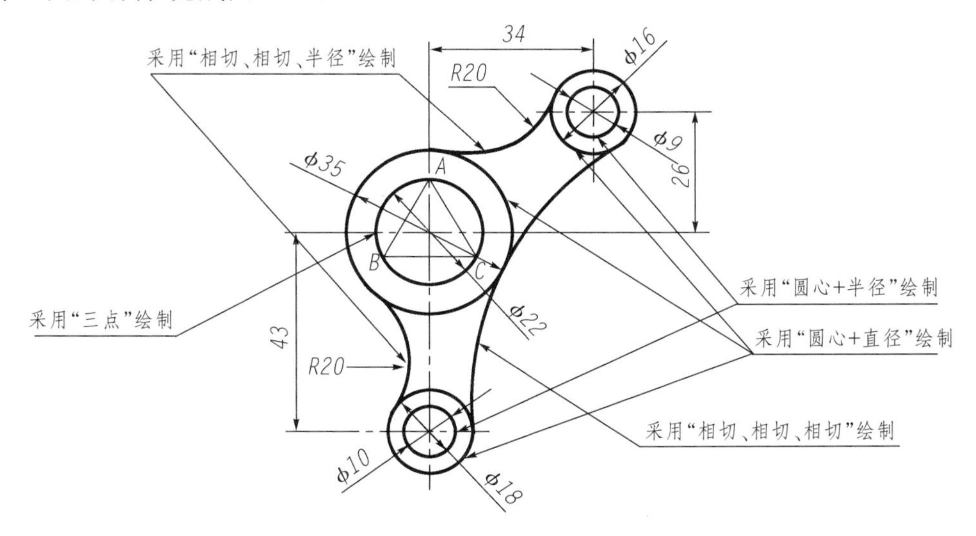

图 3-8 多种方法绘制圆

步骤：

(1) “对象捕捉”设置

① 右键点击状态栏中的“对象捕捉”；

② 左键单击“设置”；

③ 在“草图设置”对话框选中“端点、圆心、交点、切点”，如图 3－9；

④ 左键单击“确定”。

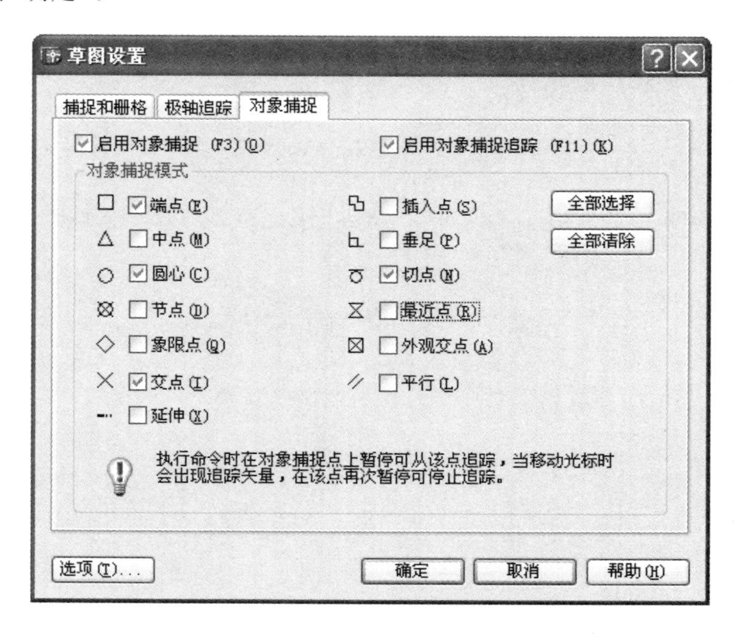

图 3－9 “草图设置”对话框

（2）精确绘制辅助中心线及辅助三角形 ABC。

（3）采用多种方法绘制各圆。如图 3－10。

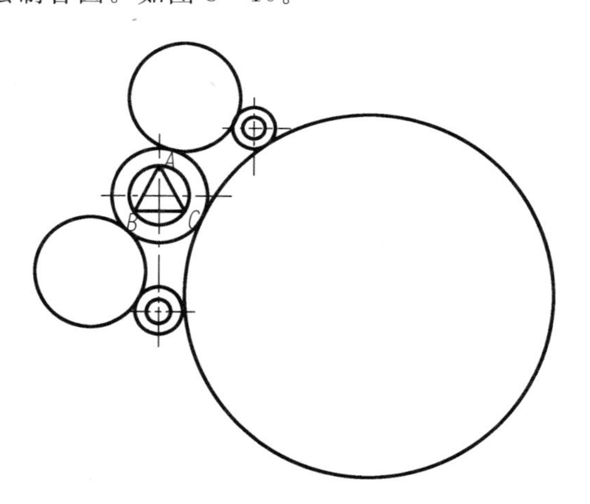

图 3－10 修剪前的实例图

单击“绘图”工具栏中“圆”按钮 。

命令：circle 指定圆的圆心或［三点(3P)/两点(2P)/相切、相切、半径(T)］：

指定圆的半径或［直径(D)］<20.0000>：5

命令：circle 指定圆的圆心或［三点(3P)/两点(2P)/相切、相切、半径(T)］：

指定圆的半径或［直径(D)］<5.0000>：4.5

命令:circle 指定圆的圆心或［三点(3P)/两点(2P)/相切、相切、半径(T)］:
指定圆的半径或［直径(D)］＜4.5000＞：d
指定圆的直径 ＜9.0000＞：18
命令:circle 指定圆的圆心或［三点(3P)/两点(2P)/相切、相切、半径(T)］:
指定圆的半径或［直径(D)］＜9.0000＞：d
指定圆的直径 ＜18.0000＞：16
命令:circle 指定圆的圆心或［三点(3P)/两点(2P)/相切、相切、半径(T)］:
指定圆的半径或［直径(D)］＜8.0000＞：d
指定圆的直径 ＜16.0000＞：35
命令:circle 指定圆的圆心或［三点(3P)/两点(2P)/相切、相切、半径(T)］：3p
指定圆上的第一个点：点击 A 点
指定圆上的第二个点：点击 B 点
指定圆上的第三个点：点击 C 点
命令:circle 指定圆的圆心或［三点(3P)/两点(2P)/相切、相切、半径(T)］：t
指定对象与圆的第一个切点：捕捉与 $\phi16$ 圆的切点
指定对象与圆的第二个切点：捕捉与 $\phi35$ 圆的切点
指定圆的半径 ＜11.0000＞：20
命令:circle 指定圆的圆心或［三点(3P)/两点(2P)/相切、相切、半径(T)］：t
指定对象与圆的第一个切点：捕捉与 $\phi18$ 圆的切点
指定对象与圆的第二个切点：捕捉与 $\phi35$ 圆的切点
指定圆的半径 ＜20.0000＞：20
命令:circle 指定圆的圆心或［三点(3P)/两点(2P)/相切、相切、半径(T)］：3p
指定圆上的第一个点：tan 到　　捕捉与 $\phi16$ 圆的切点
指定圆上的第二个点：tan 到　　捕捉与 $\phi18$ 圆的切点
指定圆上的第三个点：tan 到　　捕捉与 $\phi35$ 圆的切点
(4) 修剪多余的圆弧。
单击“修改”工具栏中的按钮。
命令:trim
当前设置:投影＝UCS,边＝无
选择剪切边:
选择对象：指定对角点：(找到 18 个)
选择对象：
选择要修剪的对象,或按住 Shift 键选择要延伸的对象,或［投影(P)/边(E)/放弃(U)］:
选择要修剪的对象,或按住 Shift 键选择要延伸的对象,或［投影(P)/边(E)/放弃(U)］:
选择要修剪的对象,或按住 Shift 键选择要延伸的对象,或［投影(P)/边(E)/放弃(U)］:
选择要修剪的对象,或按住 Shift 键选择要延伸的对象,或［投影(P)/边(E)/放弃(U)］:
选择要修剪的对象,或按住 Shift 键选择要延伸的对象,或［投影(P)/边(E)/放弃(U)］:

选择要修剪的对象，或按住 Shift 键选择要延伸的对象，或［投影(P)/边(E)/放弃(U)］：↙
绘制结果如图 3－11。

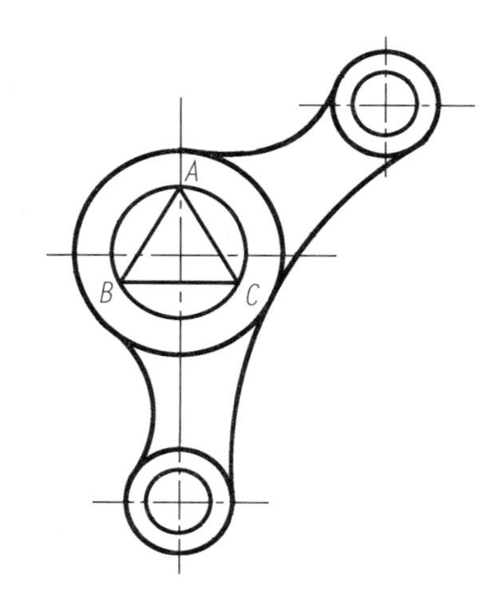

图 3－11　修剪后的实例图

上例中，涉及选择图形对象、选择集的方法有很多。常用的方法比如：

（1）直接点选方式——这是默认的一种选择目标的方式。可以将“拾取框”直接移到要选择实体的任意部分，并单击鼠标左键即可。

（2）窗口方式——通过两个对角点来定义一个矩形窗口，选择全部位于矩形窗口内的所有实体。通常我们称这种方法为“从左向右选”。

（3）交叉窗口方式——和窗口方式基本相同，也是通过两点来定义一个矩形窗口，选择全部位于矩形窗口内和与窗口相交的所有图形对象。选择范围比窗口方式大，屏幕显示为虚线框。通常我们称这种方法为“从右向左选”。

第五节　圆弧的绘制

圆弧的绘制方法。如图 3－12。

例 9：以“起点、终点、角度”绘制圆弧。如图 3－13。

步骤：

单击“绘图”工具栏中“圆弧”按钮。

命令：arc 指定圆弧的起点或［圆心(C)］：＜对象捕捉 开＞ 在屏幕上指定↙
指定圆弧的第二个点或［圆心(C)/端点(E)］：e ↙
指定圆弧的端点：在屏幕上指定↙
指定圆弧的圆心或［角度(A)/方向(D)/半径(R)］：a ↙
指定包含角：120 ↙

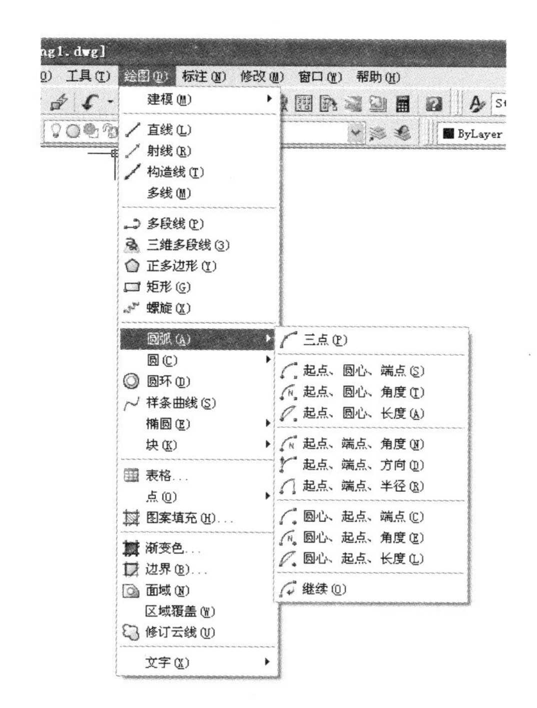

图 3－12　绘图菜单

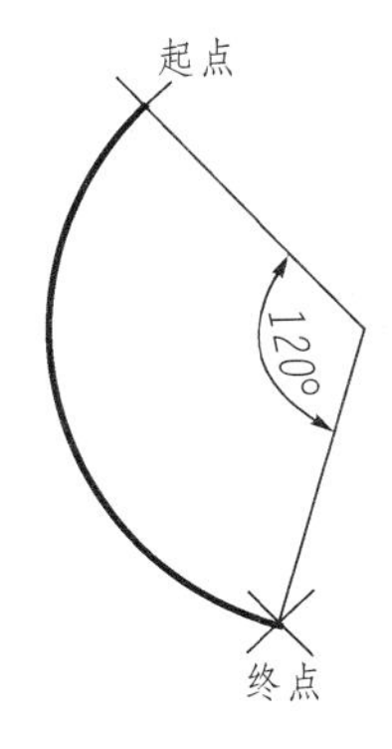

图 3－13　绘制圆弧实例

本章小结

本章主要介绍了“绘图”工具栏中的一些基本绘图命令。还有几个命令没有介绍，将在后续章节的实例应用中介绍。这些命令是绘制图形的基础，读者应该牢固掌握。

在 AutoCAD 绘图中，读者一定要注意，要盯着命令提示行看。它会提示你每一步该干什么，所以有些没有讲到的命令，读者应该自己自学。

为了提高绘图效率，在绘图的过程中，读者还要注意以下几点：

(1) 熟练运用一些快捷键和一些技巧方法绘图。

(2) 熟练运用鼠标的三个键。

(3) 注意积累在绘图过程中出现的问题。对这些问题要及时解决，以免下次再出现。

第四章　实例 1——垫片的绘制

本章学习目标：

★　掌握基本的绘图命令

★　“镜像”和“偏移”命令的使用

★　进一步学习“对象捕捉”的设置

★　掌握“图层”的设置

垫片的绘制

实例目标：完成图 4－1 的绘制。

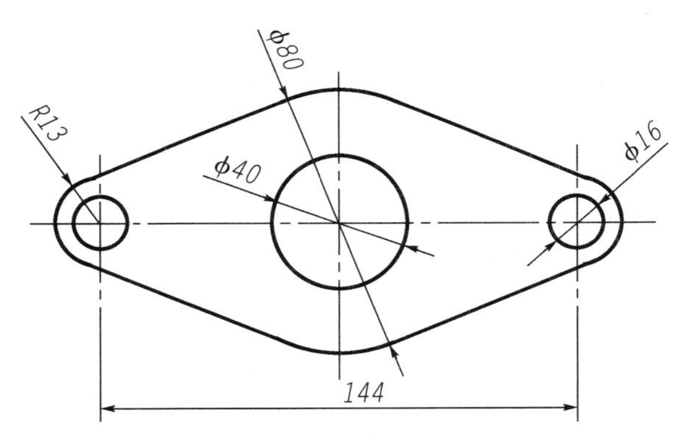

图 4－1　垫片

绘图步骤：

一、新建图层

图层设置如图 4－2。

二、绘制中心线

(1) 将“点划线”层置为当前，首先绘制水平的和竖直相交的中心线。

(2) 采用“偏移”命令，将竖直的中心线向左和右各偏移 72。步骤如下：

单击“修改”工具栏中的“偏移”按钮。

命令：offset

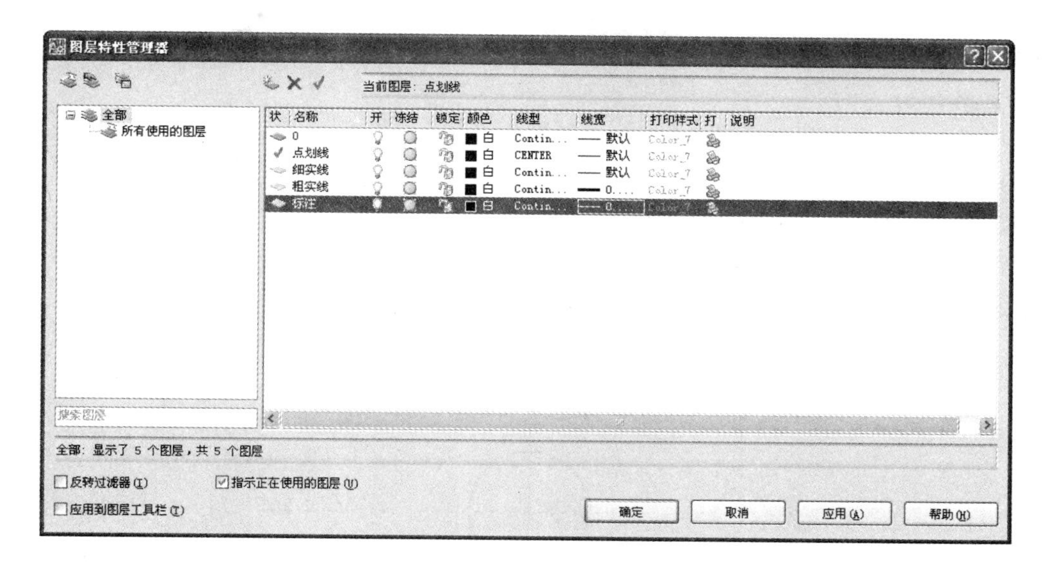

图 4-2　设置图层

指定偏移距离或［通过(T)］<36.0000>：72

选择要偏移的对象或 <退出>：

指定点以确定偏移所在一侧：

选择要偏移的对象或 <退出>：

指定点以确定偏移所在一侧：

选择要偏移的对象或 <退出>：↙

结果如图 4-3 所示。

图 4-3　绘制中心线

三、绘制 $\phi40$ 和两个 $\phi16$ 圆

(1) 切换到“粗实线”层。

(2) 绘制 $\phi40$ 圆。步骤如下：

单击“绘图”工具栏中的“圆”按钮。

命令：circle 指定圆的圆心或［三点(3P)/两点(2P)/相切、相切、半径(T)］：捕捉两点划线的交点为圆心

指定圆的半径或［直径(D)］：d

指定圆的直径：40 ↙

(3) 绘制一个 $\phi16$ 圆。步骤如下：

单击“绘图”工具栏中的“圆”按钮。

命令：circle 指定圆的圆心或［三点(3P)/两点(2P)/相切、相切、半径(T)］：捕捉两点划线的交点为圆心

指定圆的半径或［直径(D)］<20.0000>：d

指定圆的直径 <40.0000>：16 ↙

(4) 采用“镜像”命令绘制另外一个 $\phi16$ 圆。步骤如下：

单击“绘图”工具栏中的“镜像”按钮。

命令：mirror

选择对象：指定对角点：（找到 1 个）

选择对象：

指定镜像线的第一点：指定镜像线的第二点：

是否删除源对象？[是(Y)/否(N)] <N>：↙

绘制结果如图 4－4。

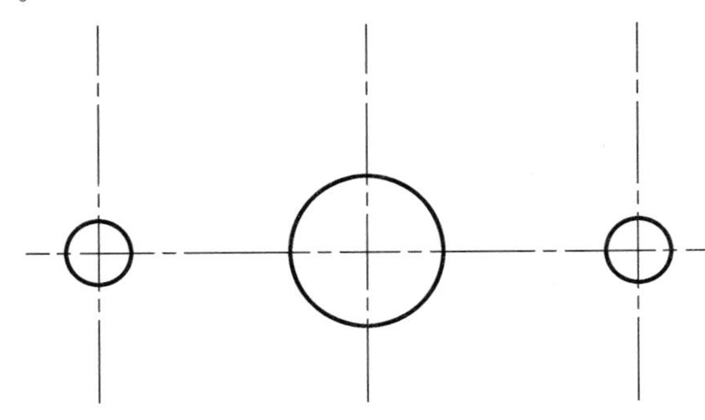

图 4－4　绘制圆

四、绘制外围轮廓

（1）绘制 $\phi 80$ 圆和两个 $R13$ 圆。

（2）绘制外围直线。首先设置状态栏中的“对象捕捉”，右键单击“对象捕捉”，出现“草图设置”对话框。选中“对象捕捉”，点击“切点”，再单击“确认”。如图 4－5 所示。

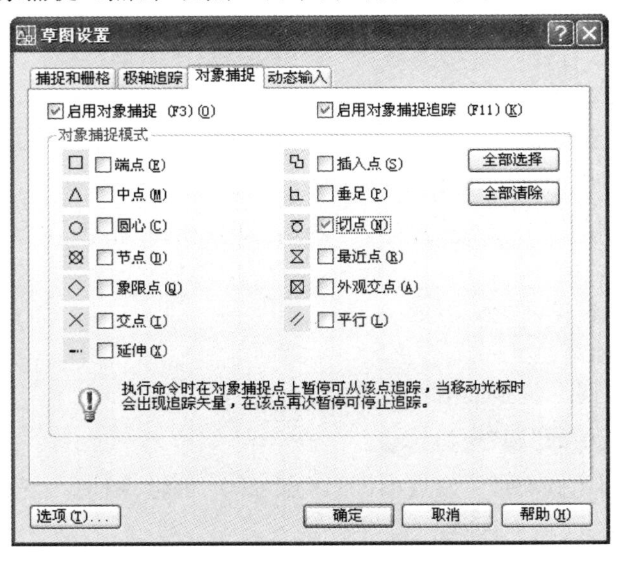

图 4－5　“草图设置”对话框

点击“直线”命令，分别去捕捉与两圆的切点来绘制直线。如图 4－6 所示。

（3）修剪多余的轮廓线和中心线。如图 4－7。

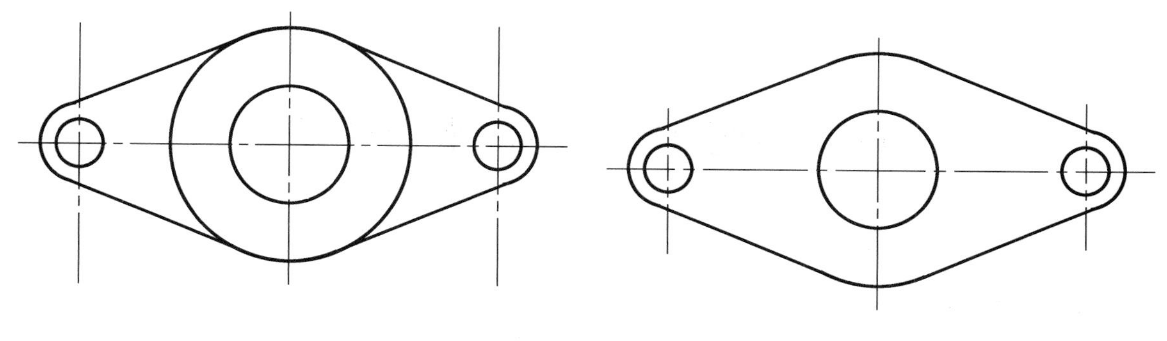

图 4-6　绘制相切线

图 4-7　修剪后的轮廓

五、标注

标注(图 4-8)的设置将在后续章节中介绍。

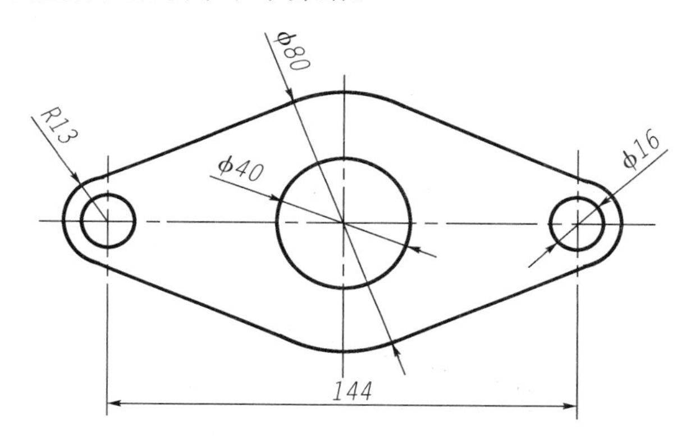

图 4-8　标注

本 章 小 结

本章主要介绍了垫片平面图的绘制。这里我们要重点掌握基本绘图命令和熟练应用“对象捕捉”命令,尤其要掌握一些绘图技巧,以提高绘图的效率。读者还要通过大量的练习加以巩固。

第五章　实例 2——零件平面图的绘制

本章学习目标：

★　“极轴追踪”的设置

★　“复制”命令的用法

★　“对象追踪”命令的用法

★　进一步掌握“修剪”命令

绘制零件的平面图

实例目标：完成图 5－1，掌握其相关命令的使用。

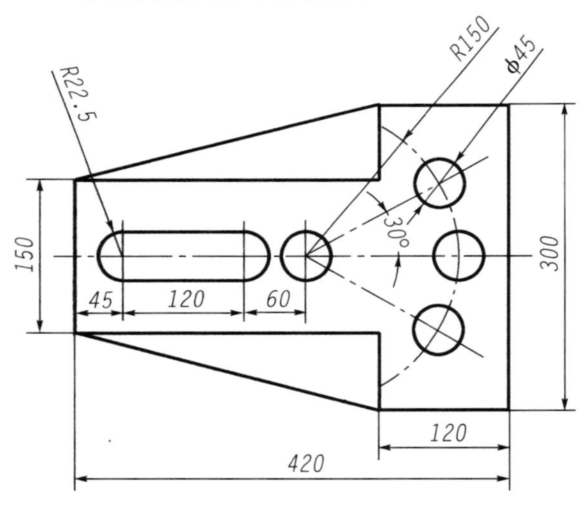

图 5－1　实例图

绘图步骤：

一、新建图层

设置如图 5－2。设置方法参照前面相关章节。

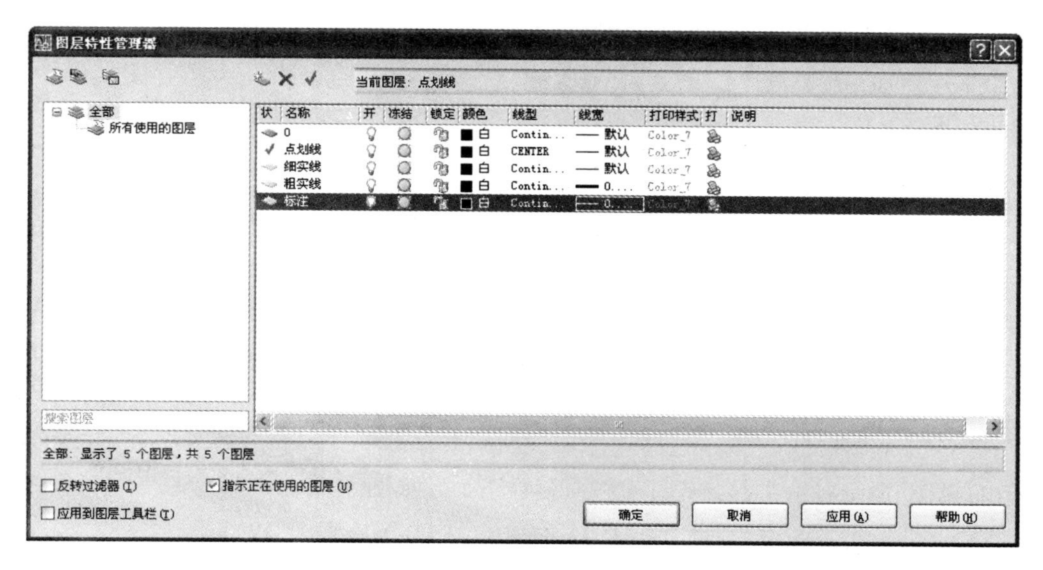

图 5－2　图层特性管理器

二、绘制水平中心线

将“点划线”层置为当前，绘制水平中心线。

三、绘制上半部分外围轮廓

(1) 将图层切换到“粗实线”层。

(2) 绘制外围轮廓。

单击“绘图”工具栏中“直线”按钮 ╱ 。

命令：line 指定第一点：采用“对象追踪”，捕捉水平中心线的左端点，往右拉，在“对象追踪”线的合适位置用鼠标左键单击。如图 5－3

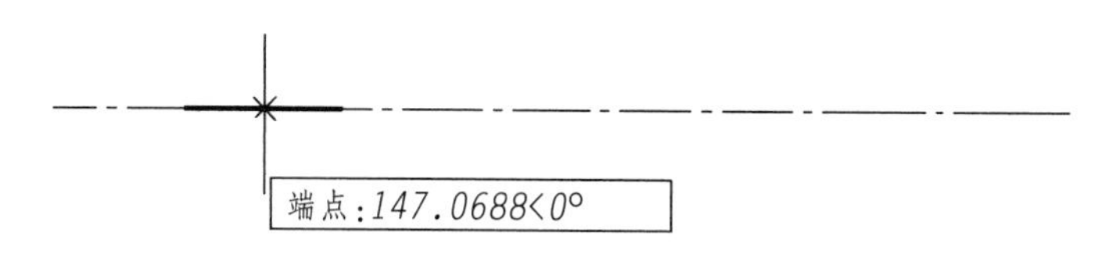

图 5－3　捕捉、追踪端点

指定下一点或［放弃(U)］：75

指定下一点或［放弃(U)］：300

指定下一点或［闭合(C)/放弃(U)］：75

指定下一点或［闭合(C)/放弃(U)］：120

指定下一点或［闭合(C)/放弃(U)］：

指定下一点或［闭合(C)/放弃(U)］：采用“对象追踪”↙

单击“绘图”工具栏中“直线”按钮 ╱ ，绘制倾斜轮廓线。

命令：line 指定第一点：

指定下一点或［放弃(U)］：

指定下一点或［放弃(U)］：都采用“对象捕捉”去捕捉直线的两个端点

结果如图5－4。

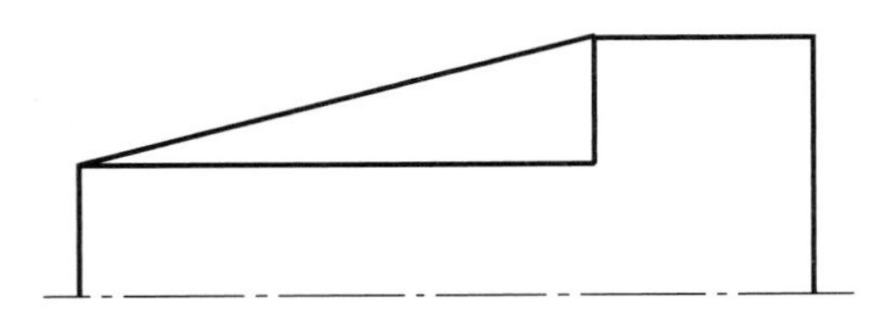

图5－4 绘制上半轮廓

四、绘制下半部分轮廓

采用“镜像”命令将上半部分轮廓镜像复制在下面。如图5－5。

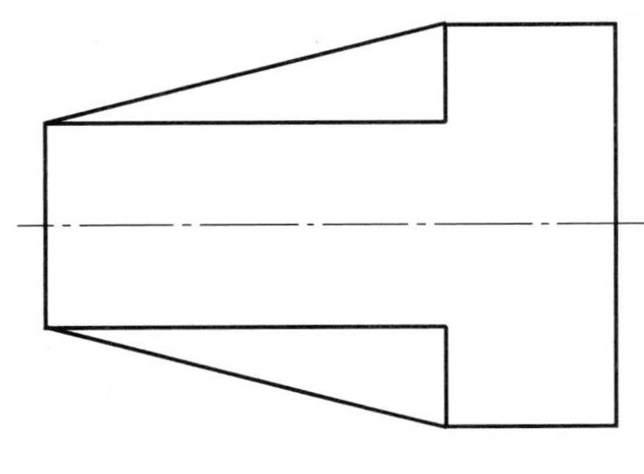

图5－5 绘制下半轮廓

步骤：

单击“绘图”工具栏中的“镜像”按钮。

命令：mirror

选择对象：指定对角点：(找到6个) 选中上半部分轮廓

选择对象：选择完对象之后要单击右键确认

指定镜像线的第一点：捕捉水平中心线的左端点，左键单击

指定镜像线的第二点：捕捉水平中心线的右端点，左键单击

是否删除源对象？［是(Y)/否(N)］<N>：↙　　原对象不删除，直接回车

五、绘制圆和圆弧的辅助中心线

(1) 将图层切换到“点划线”层。

(2) 采用“对象捕捉”和“对象追踪”命令绘制辅助中心线。

① 单击“绘图”工具栏中“直线”按钮，采用“方向＋距离”绘制；

② 捕捉水平中心线和左端轮廓线的交点，在命令提示行输入45，回车；

③ “正交”打开，往上给定中心线的上半一段，如图5－6；

④ 将上一半中心线往下拉长，先选中上一半中心线，鼠标左键点中下端不动，往下拉到合适的位置。如图5－7。

(3) 采用“偏移”命令，将图5－7中的竖直中心线向右偏移120和180。如图5－8。

① 单击“修改”工具栏中的“偏移”按钮。

命令：offset

指定偏移距离或［通过(T)］<60.0000>：120

选择要偏移的对象或<退出>：选择图5－7中的竖直中心线

指定点以确定偏移所在一侧：点击右侧

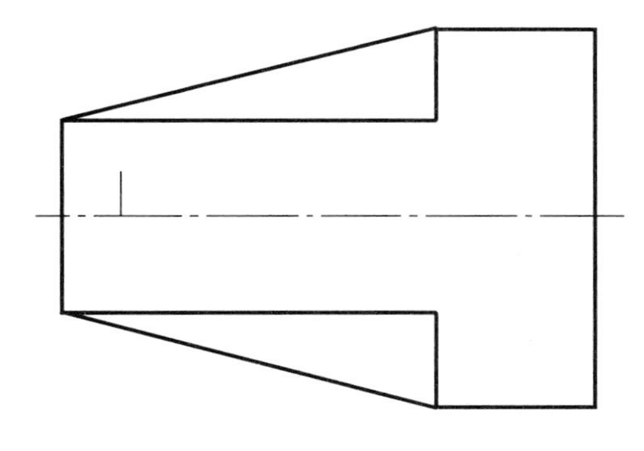

图 5-6　绘制竖直中心线

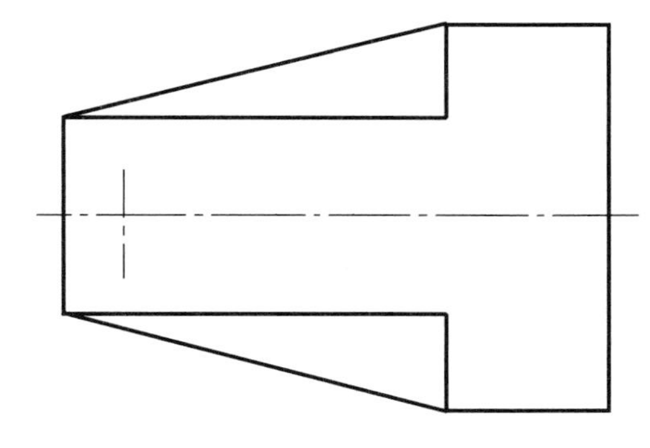

图 5-7　镜像下半竖直中心线

选择要偏移的对象或 ＜退出＞：回车，结束命令

② 单击“修改”工具栏中的“偏移”按钮。

命令：offset

指定偏移距离或［通过(T)］＜120.0000＞：180

选择要偏移的对象或 ＜退出＞：选择图 5-7 中的竖直中心线

指定点以确定偏移所在一侧：点击右侧

选择要偏移的对象或 ＜退出＞：回车，结束命令

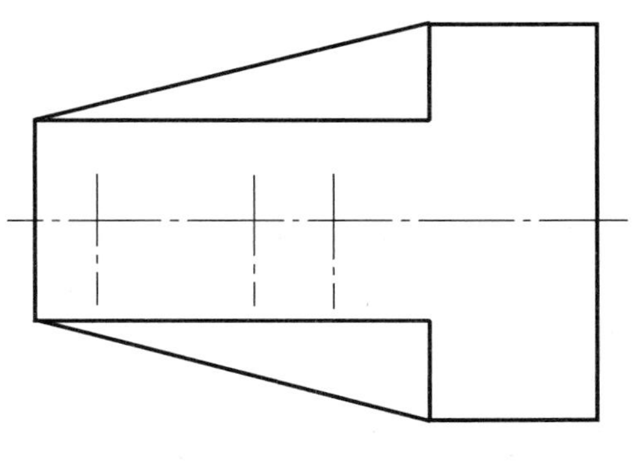

图 5-8　偏移竖直中心线

(4) 绘制辅助圆弧和 30°的辅助极轴线。如图 5-11。

① 绘制辅助圆弧。步骤：

单击“绘图”工具栏中的“圆”按钮。

命令：circle 指定圆的圆心或［三点(3P)/两点(2P)/相切、相切、半径(T)］：鼠标单击图 5-8中最右端的竖直中心线和水平中心线的交点为圆心

指定圆的半径或［直径(D)］＜150.0000＞：150 回车

② 绘制 30°的辅助极轴线。右键单击状态栏中的“极轴”；左键单击设置；出现“草图设置”对话框，点击“极轴追踪”选项卡，在“增量角”中输入“30”；左键单击“确定”。如图 5-9。

步骤：

单击“绘图”工具栏中“直线”按钮。

命令：line 指定第一点：捕捉 $R150$ 圆的圆心，左键单击

指定下一点或［放弃(U)］：捕捉 30°追踪线上的一个合适点，左键单击；追踪线如图 5-10

指定下一点或［放弃(U)］：单击右键，左键确认

另外一条倾斜 330°的中心线，绘制方法同上。

③ 采用“修剪”命令将多余的辅助线删除。

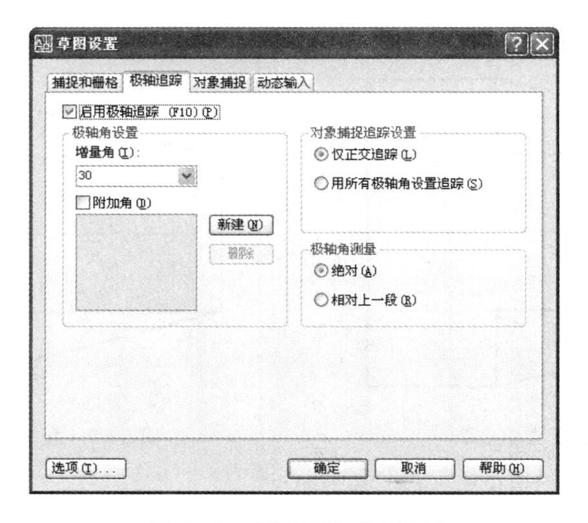

图 5－9 “草图设置”对话框

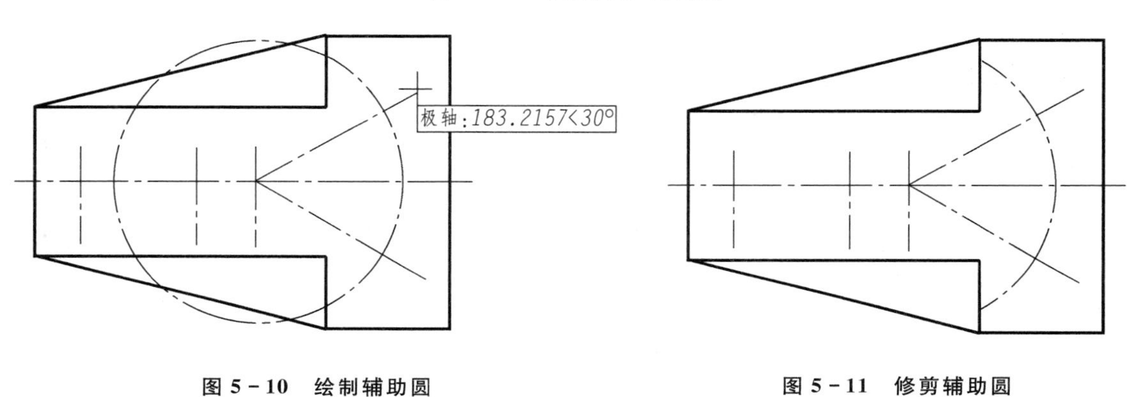

图 5－10 绘制辅助圆　　图 5－11 修剪辅助圆

六、绘制 图形和 ϕ45 圆

(1) 将图层切换到“粗实线”层。

(2) 采用“圆、直线”和“修剪”命令绘制上述图形(步骤略)。如图 5－12。

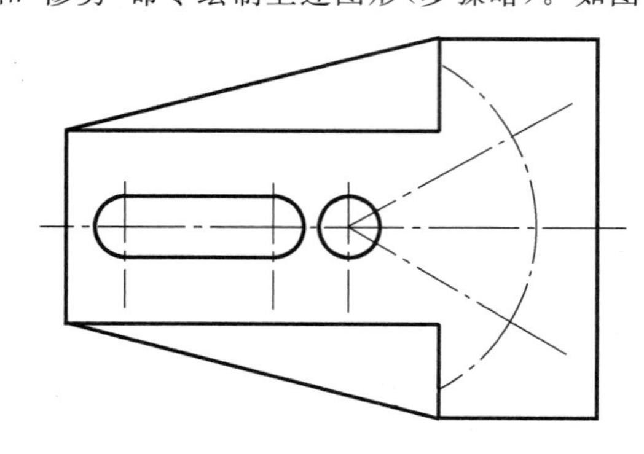

图 5－12 绘制孔

(3) 采用“复制”命令将 ϕ45 圆复制到 ϕ300 辅助点划线圆上。

步骤：

单击“修改”工具栏中的“复制”按钮。

命令：copy

选择对象：（找到 1 个）　选择 φ45 圆

选择对象：选择完毕，单击右键确定

指定基点或位移，或者［重复(M)］：左键点击 φ45 圆的圆心

指定位移的第二点或 ＜用第一点作位移＞：左键点击辅助点划线圆上的“目标点”

另外两个圆操作方法同上。结果如图 5－13。

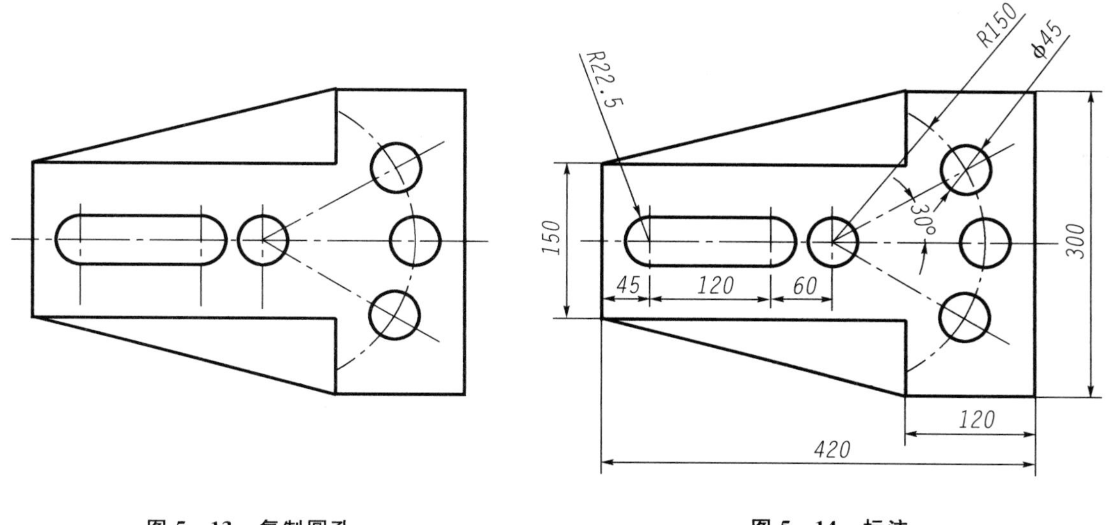

图 5－13　复制圆孔　　　　**图 5－14　标注**

七、标 注

(1) 将图层切换到“标注”层。

(2) 对标注样式进行设置。

(3) 进行常规标注。

(4) 标注完之后，显示线宽。

最终结果如图 5－14 所示。

本 章 小 结

本章主要以一个具体的实例来讲解绘图的基本过程，具体、详细地讲解了有关“对象追踪、极轴追踪”的设置及用法、“修剪”和“复制”等命令。读者应通过具体实践来掌握该部分内容。

第六章　实例3——套筒的绘制

本章学习目标：

★　巩固前面学习的“直线、圆、修剪”等命令

★　掌握“阵列”命令

★　掌握“多行文本编辑”命令

★　进一步掌握“对象捕捉”和“对象追踪”的设置与用法

套筒的绘制

实例目标：完成图6-1的绘制，进一步巩固一些基本操作。

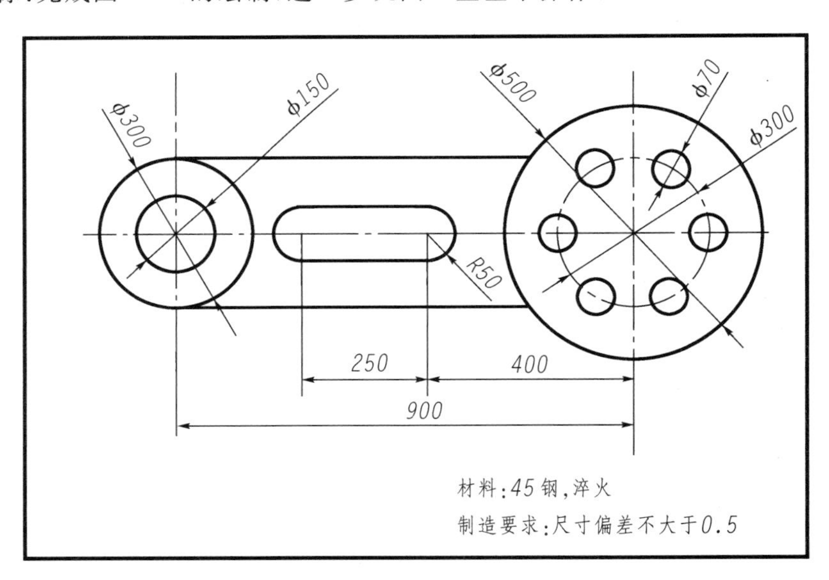

图6-1　套筒

绘图步骤：

一、新建图层

设置如下（如表6-1）。

表 6－1　图层分类

名称	颜色	线型	线宽
粗实线	白色	Continuous	0.4
细实线	白色	Continuous	0.09
点划线	蓝色	Center	0.09

二、绘制中心线

（1）将“点划线”层置为当前层。

（2）绘制水平点划线和左端竖直点划线。

（3）采用“偏移”命令，将左端竖直中心线向右偏移 900。如图 6－2。

步骤：

单击“修改”工具栏中的“偏移”按钮。

命令：offset

指定偏移距离或［通过(T)］＜通过＞：900

选择要偏移的对象或 ＜退出＞：选择左端竖直中心线

指定点以确定偏移所在一侧：在右侧用鼠标左键单击

选择要偏移的对象或 ＜退出＞：直接回车

图 6－2　绘制中心线

（4）将右端竖直中心线分别向左偏移 400 和 650。

（5）以最右端竖直中心线和水平中心线的交点为圆心，以 300 为直径绘制辅助点划线圆。如图 6－3 所示。

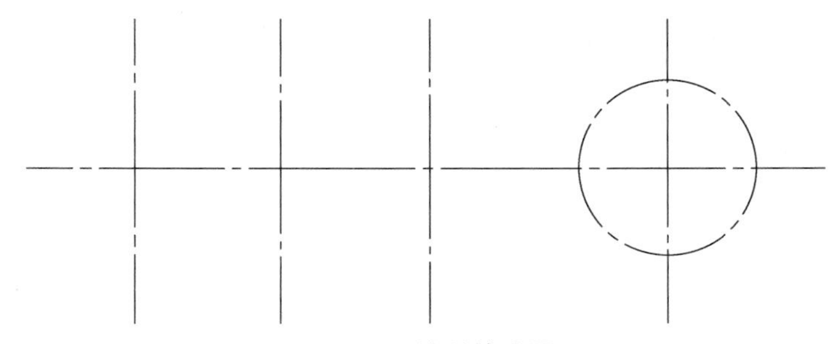

图 6－3　绘制辅助圆

三、绘制 ϕ150、ϕ300、ϕ500、*R*50 圆

（1）将“粗实线”层置为当前层。

（2）单击“绘图”工具栏中的“圆”按钮，分别绘制以上几个圆。如图 6－4。

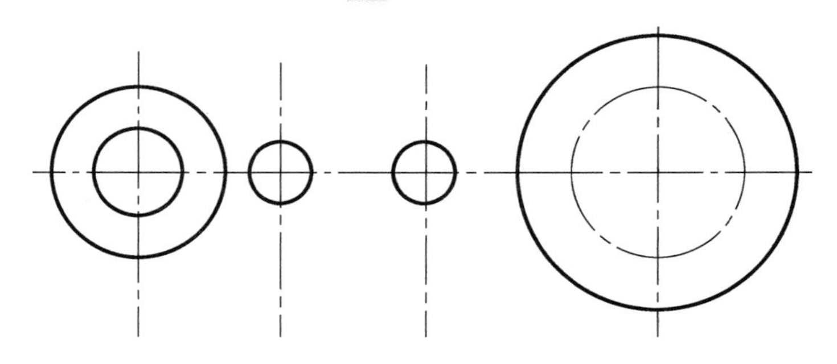

图 6－4　绘制圆

四、绘制直线轮廓

（1）右键单击状态栏中的“对象捕捉”，左键单击“设置”，将“交点”和“最近点”选中，单击“确定”。如图 6－5。

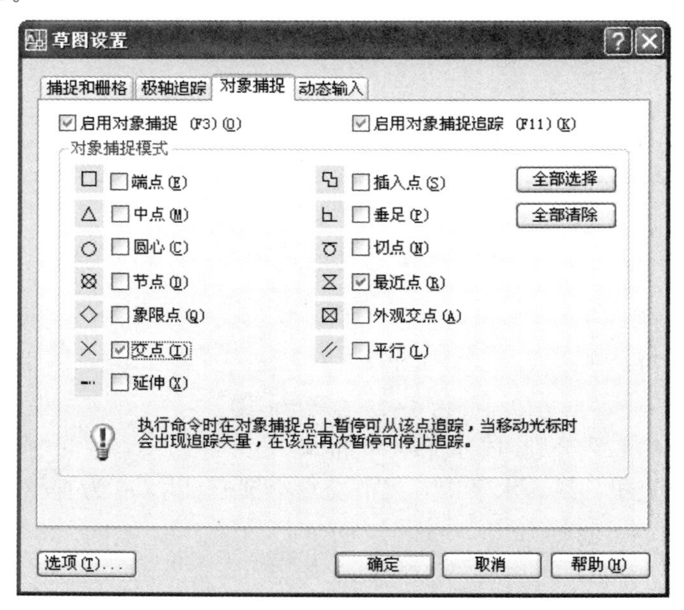

图 6－5　“草图设置”对话框

（2）打开“正交”。

（3）单击“绘图”工具栏中“直线”按钮，绘制直线轮廓。如图 6－6。

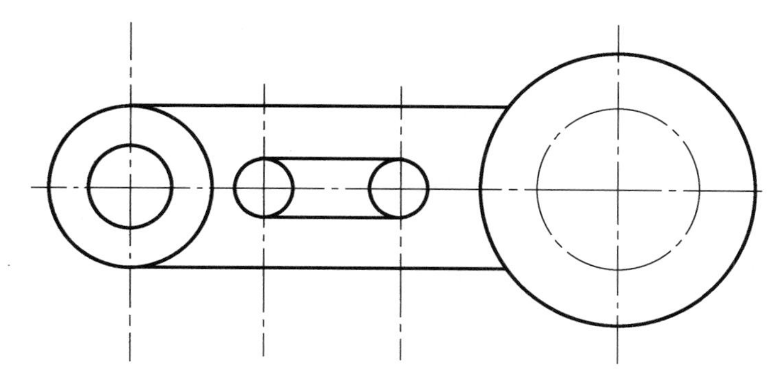

图 6-6　绘制直线轮廓

五、修剪多余的轮廓线和中心线

单击“修改”工具栏中的“修剪”按钮 ,修剪结果如图 6-7。

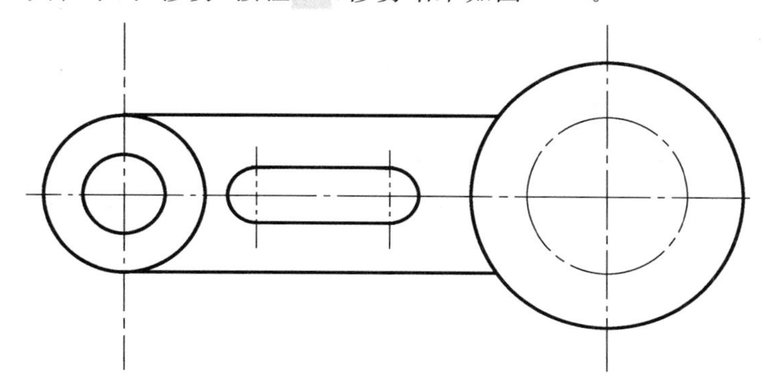

图 6-7　修剪轮廓

六、采用“阵列”命令绘制辅助点划线圆上均布的 6 个 φ70 圆

1）单击“绘图”工具栏中的“圆”按钮 。以水平中心线和辅助点划线圆的交点为圆心，以 70 为半径画一个圆。如图 6-8。

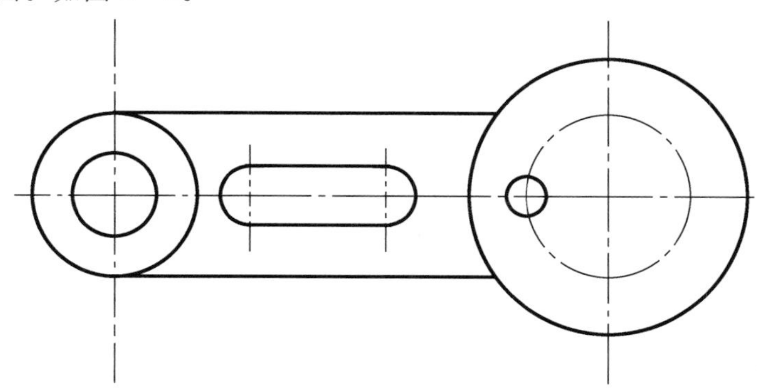

图 6-8　绘制 φ70 圆

2）单击“修改”工具栏中的“阵列”按钮 ,出现“阵列”对话框。如图 6-9 所示。

（1）设置

①将“环形阵列”选中；

②“项目总数”填写“6”；

③“填充角度”填写“360”。

(2) 左键点击“阵列”对话框中的“选择对象”按钮；之后将返回到绘图区，将刚才绘制的“ $\phi70$ 圆”选中，作为阵列对象；选完之后，右键确认，又回到“阵列”对话框。

(3) 在“阵列”对话框中，左键点击“中心点”图标按钮；这时，又返回到绘图区，用鼠标左键点击环形阵列的“中心点”，即为辅助点划线圆的圆心(也可以在“阵列”对话框中直接输入“中心点”的坐标)。

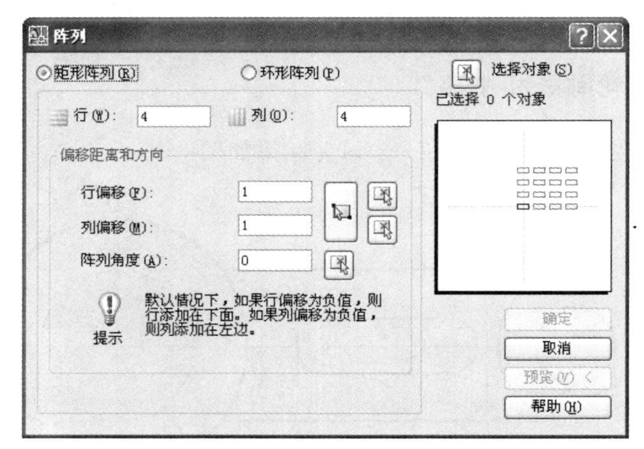

图 6-9 “阵列”对话框

(4) 鼠标左键单击“阵列”对话框中的“确定”(矩形阵列，读者可以按照上述方法自学)。如图 6-10。

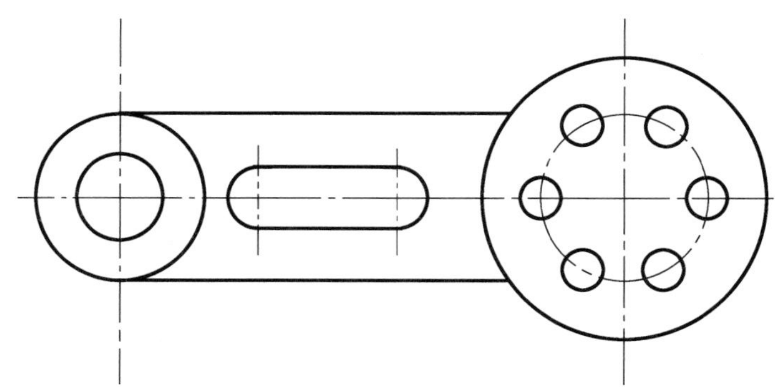

图 6-10 阵列 $\phi70$ 圆

七、尺寸标注

有关尺寸标注的内容参考第十章。

八、文本编辑

(1) 单击“绘图”工具栏中的“多行文字”按钮 A 。

(2) 出现“文字格式”对话框。

(3) 在“文字格式”对话框中输入　　“材料:45 钢,淬火

制造要求:尺寸偏差不大于 0.5”。

(4) 同时要选择“字体”和“字的大小”。如图 6-11。

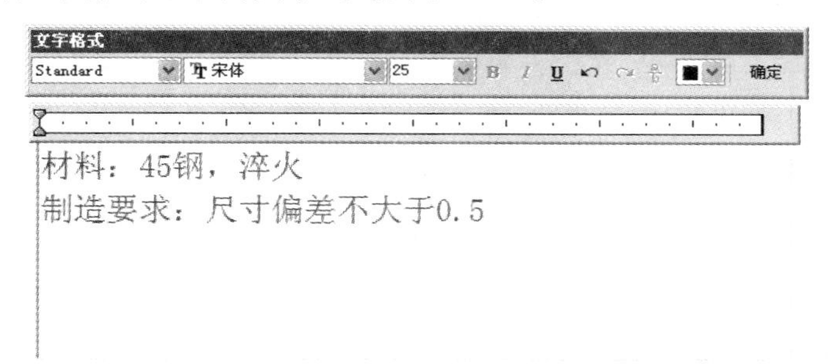

图 6-11　“文字格式”对话框

九、绘制一个简单的边框

最终效果图,如图 6-12。

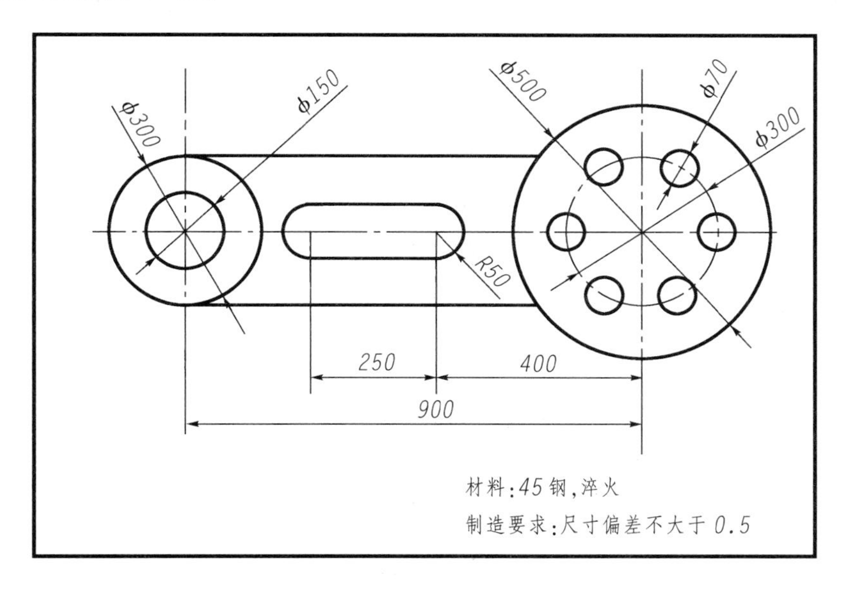

图 6-12　效果图

本 章 小 结

本章主要通过一个具体的实例,学习和巩固 AutoCAD 绘图的一些基本命令,详细讲解了“阵列”和“多行文字”编辑命令;同时,在前面章节学习的基础上,进一步讲解了“对象捕捉”和“对象追踪”的设置和使用方法。

第七章　实例4——吊钩的绘制

本章学习目标：

★　进一步掌握“直线、圆”等基本绘图命令和编辑命令

★　进一步熟悉“镜像”命令

★　掌握“圆角”和“倒角”命令

★　掌握分析图形的方法

吊钩的绘制

实例目标：完成图7－1吊钩的绘制。

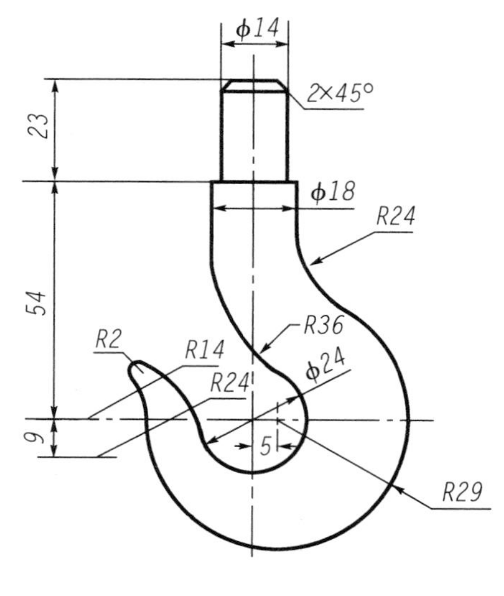

图7－1　吊钩

绘图步骤：

一、新建图层（略）

二、绘制中心线

（1）切换到“中心线”层。

（2）绘制竖直中心线和水平中心线。

(3) 将竖直中心线向右偏移5。
(4) 将刚才偏移后的中心线缩短。如图7－2。

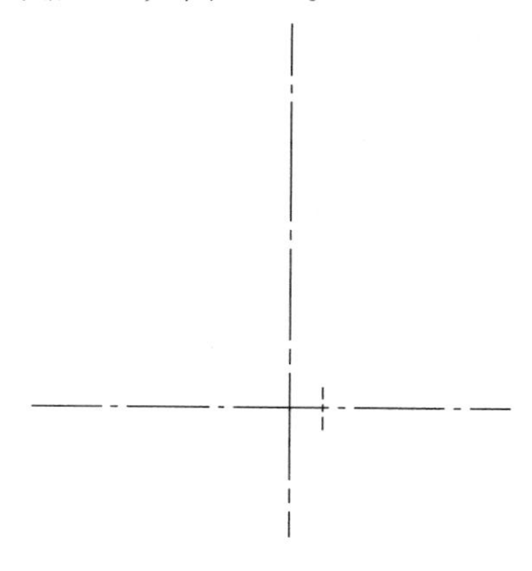

图7－2 绘制中心线

三、绘制吊钩上半部分直线轮廓

(1) 切换图层到“粗实线”层。
(2) 采用“对象追踪”,打开“正交”。
(3) 绘制左半部分直线轮廓。如图7－3。
步骤:
① 点击“绘图”工具栏中的“直线”按钮。
命令:line 指定第一点:77 采用前面讲的“方向＋距离”绘制
指定下一点或[放弃(U)]:7
指定下一点或[放弃(U)]:23
指定下一点或[闭合(C)/放弃(U)]:2
指定下一点或[闭合(C)/放弃(U)]:“1”段线的长度任意给定
指定下一点或[闭合(C)/放弃(U)]:回车
②连接中间的“2”段线。
③倒角。
步骤:
单击“修改”工具栏中的“倒角”按钮。
命令:chamfer
(“修剪”模式)当前倒角距离1＝2.0000,距离2＝2.0000
选择第一条直线或[多段线(P)/距离(D)/角度(A)/修剪(T)/方式(M)/多个(U)]:d
指定第一个倒角距离＜2.0000＞:采用当前默认的倒角距离。想修改的话,输入“d”回车
指定第二个倒角距离＜2.0000＞:
选择第一条直线或[多段线(P)/距离(D)/角度(A)/修剪(T)/方式(M)/多个(U)]:
选择第二条直线:选择倒角所夹的两条边,然后回车即可
④绘制直线“3”。

（4）采用“镜像”命令，将左半部分直线轮廓镜像复制到右半部分。如图 7－4。

步骤：

单击“绘图”工具栏中的“镜像”按钮。

命令：mirror

选择对象：指定对角点：（找到 7 个）

选择对象：选择完之后要单击右键确认

指定镜像线的第一点：指定镜像线的第二点：捕捉竖直中心线的两个端点

是否删除源对象？［是(Y)/否(N)］＜N＞：原对象不删除，直接回车

图 7－3　绘制左上半轮廓　　　　图 7－4　镜像右上半轮廓

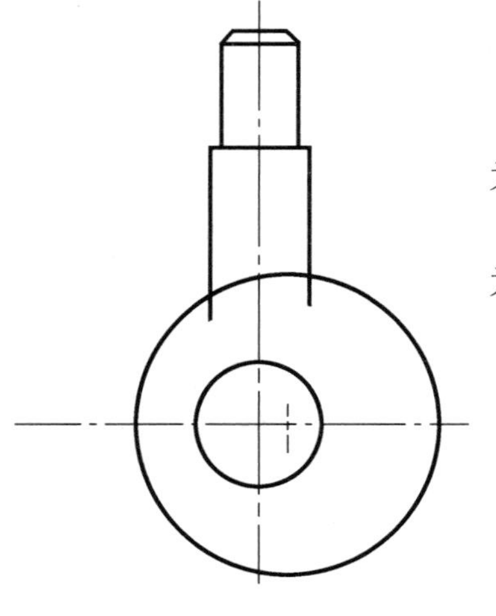

图 7－5　绘制 *R*29 和 ϕ24 圆

四、绘制 *R*29 和 ϕ24 圆

（1）以右端竖直中心线和水平中心线的交点为圆心，以 29 为半径绘制一个圆。

（2）以左端竖直中心线和水平中心线的交点为圆心，以 24 为直径绘制一个圆。如图 7－5。

五、倒 *R*24 圆角和 *R*36 圆角

（1）倒 *R*24 圆角。步骤：

单击“修改”工具栏中的“圆角”按钮。

命令：fillet

当前设置：模式 = 修剪，半径 = 8.0000

选择第一个对象或［多段线(P)/半径(R)/修剪(T)/多个(U)］：r　修改圆角的半径

指定圆角半径 ＜8.0000＞：24

选择第一个对象或［多段线(P)/半径(R)/修剪(T)/多个(U)］：

选择第二个对象：选择圆角所夹的两条边，然后回车即可

(2) 倒 $R36$ 圆角。步骤：

敲一下空格键，重复上次“圆角”命令（或者点鼠标右键）。

命令：fillet

当前设置：模式 = 修剪，半径 = 24.0000

选择第一个对象或［多段线(P)/半径(R)/修剪(T)/多个(U)］：r 修改圆角的半径

指定圆角半径 ＜24.0000＞：36

选择第一个对象或［多段线(P)/半径(R)/修剪(T)/多个(U)］：

选择第二个对象：选择圆角所夹的两条边，然后回车即可

如图 7-6 所示。

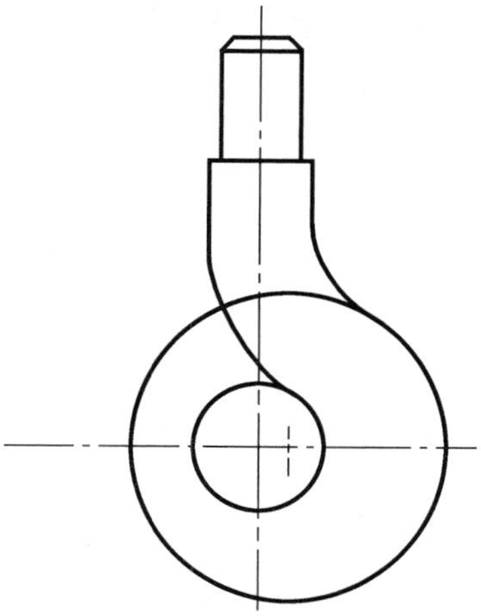

图 7-6 倒圆角

六、修剪多余的圆弧

步骤：

单击“修改”工具栏中的“修剪”按钮 -/-- 。

命令：trim

当前设置：投影＝UCS，边＝无

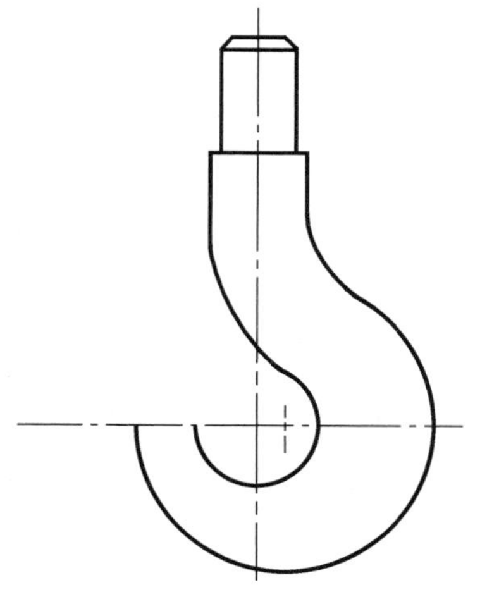

图 7-7 修剪圆弧

选择剪切边：

选择对象：指定对角点：（找到 21 个）

选择对象：选择完之后要单击右键确认

选择要修剪的对象，或按住 Shift 键选择要延伸的对象，或［投影(P)/边(E)/放弃(U)］：

选择要修剪的对象，或按住 Shift 键选择要延伸的对象，或［投影(P)/边(E)/放弃(U)］：

选择要修剪的对象，或按住 Shift 键选择要延伸的对象，或［投影(P)/边(E)/放弃(U)］：

选择要修剪的对象，或按住 Shift 键选择要延伸的对象，或［投影(P)/边(E)/放弃(U)］：

选择要修剪的对象，或按住 Shift 键选择要延伸的对象，或［投影(P)/边(E)/放弃(U)］：

选择要修剪的对象，或按住 Shift 键选择要延伸的对象，或［投影(P)/边(E)/放弃(U)］：

单击右键确认

如图 7-7 所示。

七、绘制 *R*24 圆弧和 *R*14 圆弧

(1) 绘制 $R14$ 圆

①找 $R14$ 圆的圆心，在“对象捕捉”中将“节点”选择上。

点击“绘图”工具栏中的“点”按钮 ▪ 。

捕捉 A 点，不要点击，待 180°追踪线出来后往左拉，在命令提示行中输入 14，再回车；得到 C 点。如图 7－8。

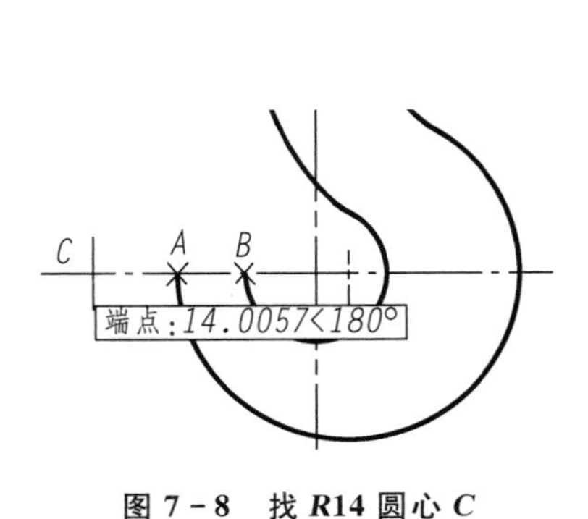

图 7－8　找 $R14$ 圆心 C

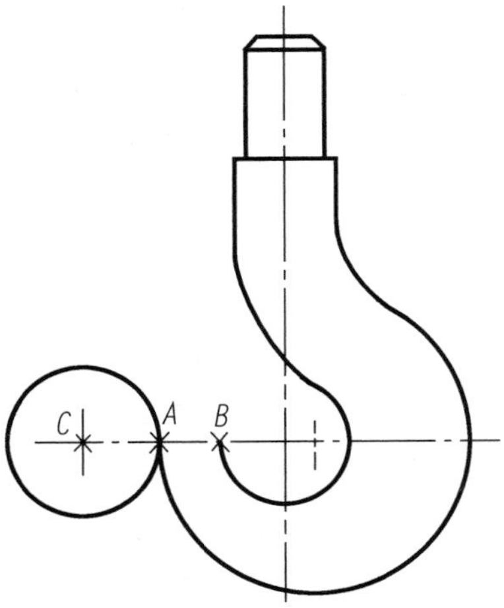

图 7－9　绘制 $R14$ 圆

命令：point

当前点模式：PDMODE＝3　PDSIZE＝－4.0000

指定点：14　回车

②以 C 点为圆心，以 14 为半径绘制圆。如图 7－9。

（2）绘制 $R24$ 圆

①将水平中心线向下偏移 9，得到一条辅助中心线。

步骤：

单击“修改”工具栏中的“偏移”按钮。

命令：offset

指定偏移距离或［通过(T)］＜14.0000＞：9

选择要偏移的对象或＜退出＞：

指定点以确定偏移所在一侧：在下侧点击

选择要偏移的对象或＜退出＞：＊取消＊右键确认

②由于 $R24$ 圆和 $\phi24$ 圆相外切，因此可以先以 $\phi24$ 圆的圆心为圆心，以该两圆半径之和为半径作一个辅助圆。

③以辅助中心线和辅助圆的交点 D 为圆心，以 24 为半径绘制一个圆。结果如图 7－10。

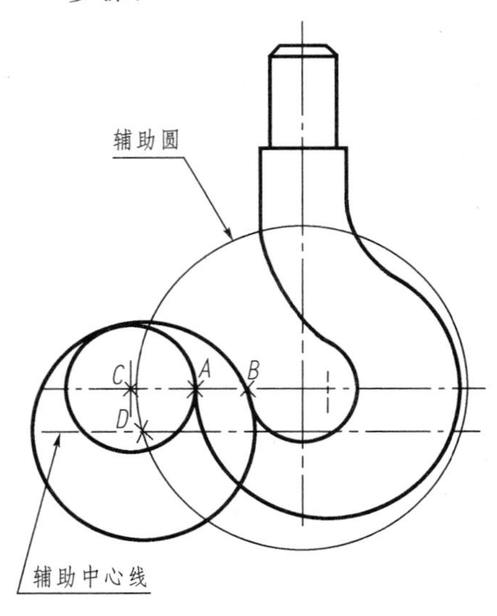

图 7－10　绘制 $R24$ 圆

④采用“修剪”命令，将图 7－10 中多余的线条修剪掉。该步骤，读者在操作时要细心。

⑤ 采用“删除”命令，将一些多余独立图形元素和辅助文字删除掉。

结果如图 7－11。

八、倒 *R*2 圆角

如图 7－12。

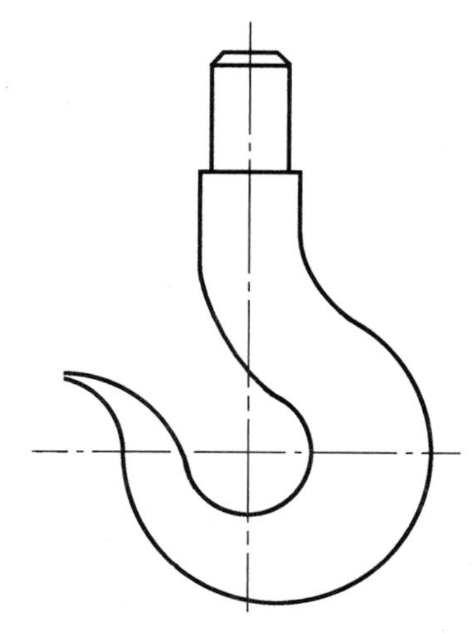

图 7－11　修剪多余的线条

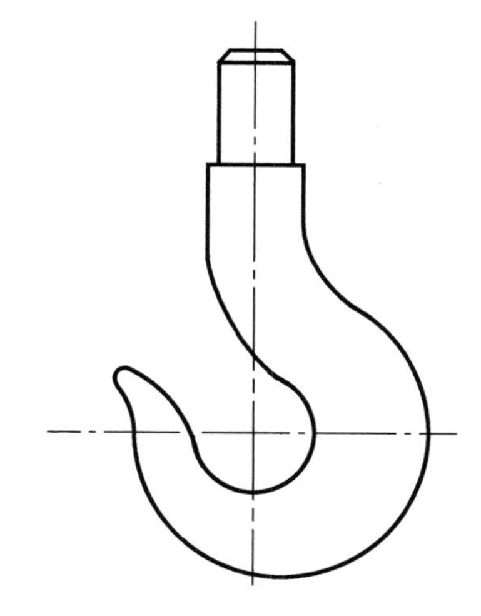

图 7－12　倒 *R*2 角

步骤：

单击“修改”工具栏中的“圆角”按钮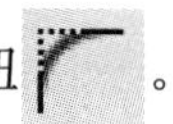。

命令：fillet

当前设置：模式 ＝ 修剪，半径 ＝ 36.0000

选择第一个对象或［多段线(P)/半径(R)/修剪(T)/多个(U)］：r

指定圆角半径 ＜36.0000＞：2

选择第一个对象或［多段线(P)/半径(R)/修剪(T)/多个(U)］：

选择第二个对象：↙

九、删除和缩短多余的中心线

十、标 注

最终结果如图 7－13。

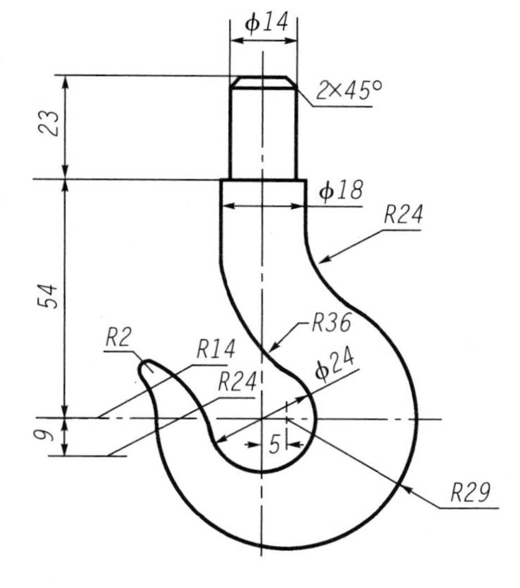

图 7－13　标注

本 章 小 结

本章主要讲述典型实例——吊钩的绘制过程。读者应通过本实例，掌握相关的绘图命令和图形编辑命令，特别是要通过本例掌握分析图形的能力，比如该例中有些圆弧圆心的找法等。在本例中，"修剪"命令使用比较频繁，辅助圆和辅助线比较多，在修剪的过程中要细心。读者可以通过上机操作来亲自感受一下该例的绘制过程。

第八章　实例5——绘制三视图

本章学习目标：

★　掌握三视图的配置

★　掌握绘制三视图的技巧

★　掌握形体分析法

★　进一步熟悉前面学习过的基本命令

绘制三视图

实例目标：完成图8－1的绘制。

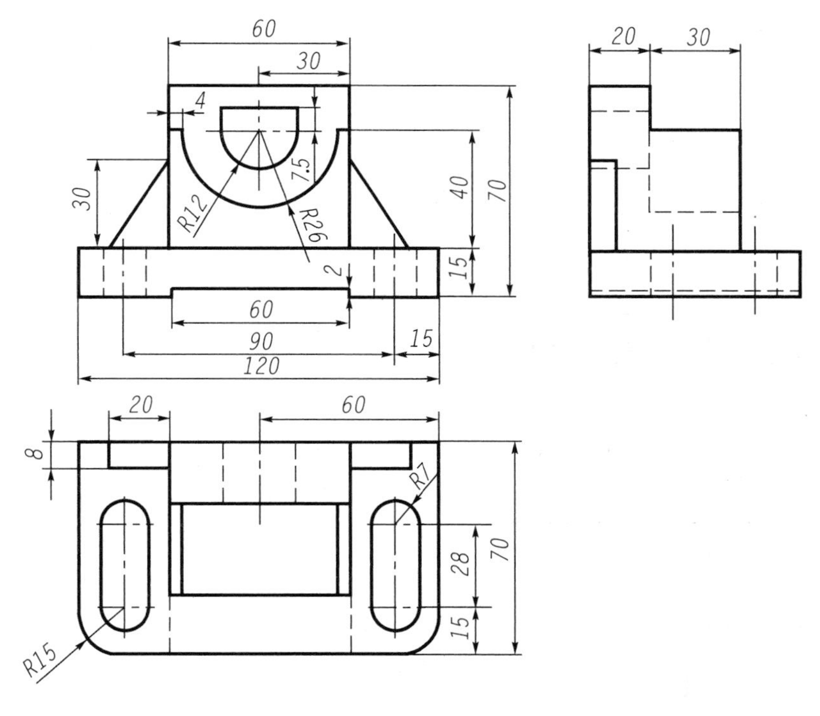

图8－1　三视图

绘图步骤：

一、图层设置

如表 8－1 所示。

表 8－1　图层类型

名称	颜色	线型	线宽
粗实线	白色	Continuous	0.4
点划线	蓝色	Center	默认
虚线	红色	ACAD－ISO02w100	默认
标注	白色	Continuous	默认

二、绘制基准线

根据图示尺寸和合理的布局尺寸，采用“构造线”命令绘制如图 8－2 所示的基准线。

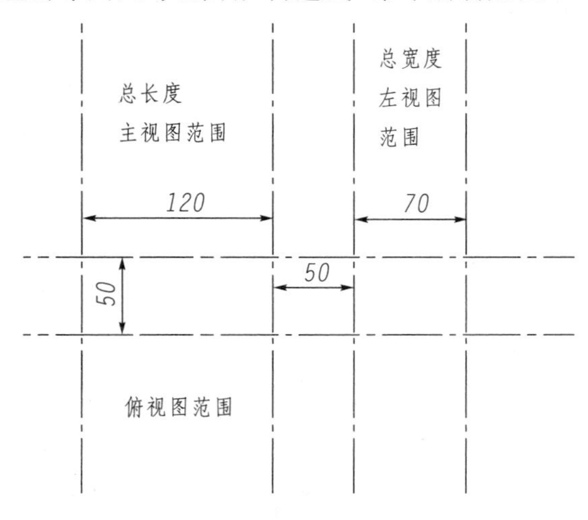

图 8－2　绘制基准线

三、采用形体分析法，先绘制底板

(1) 将当前层切换到“粗实线”层。

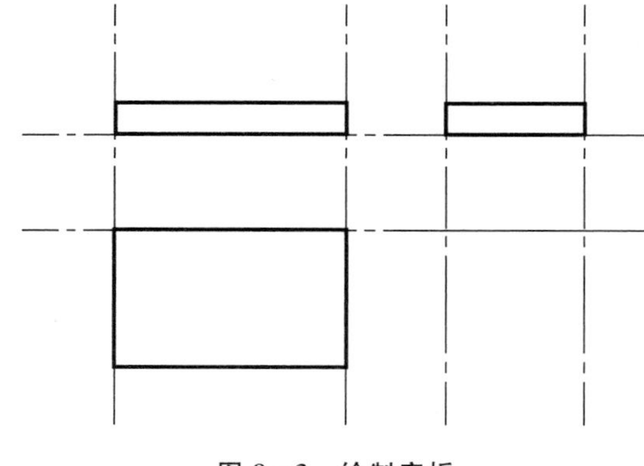

图 8－3　绘制底板

(2) 根据尺寸，先绘制一个长方体的三个视图(步骤略)。如图 8－3。

(3) 绘制底板的通槽。如图 8－4 所示

①绘制主视图。

步骤：

点击“绘图”工具栏中的“直线”按钮。

命令:line 指定第一点：30　捕捉主视图下面线的左端，采用“对象追踪”往右追踪到目标点

指定下一点或［放弃(U)］：2　　采用“方向＋距离”绘制直线

指定下一点或［放弃(U)］：60
指定下一点或［闭合(C)/放弃(U)］：2
指定下一点或［闭合(C)/放弃(U)］：↙
②将图层切换到“虚线”层，绘制通槽的俯视图和左视图轮廓线(充分利用“对象追踪”命令)。
③修剪多余的线条。

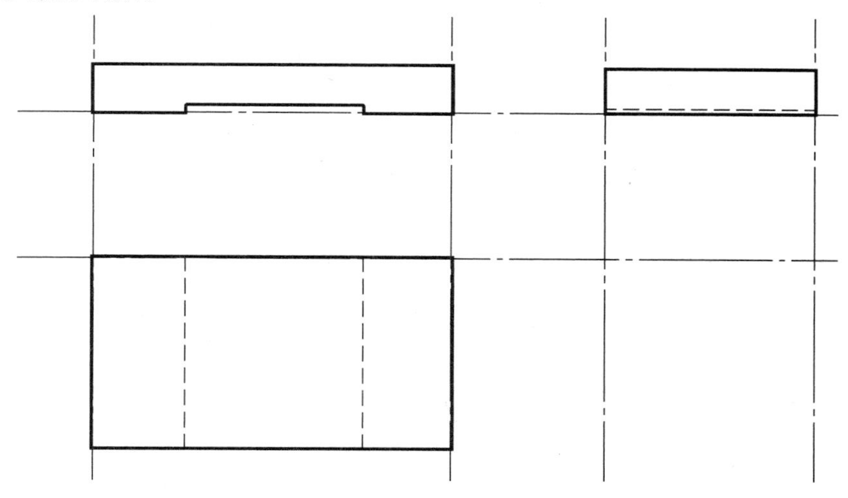

图 8-4　绘制底板的通槽

(4) 绘制底板的两个通孔
①绘制孔的中心线；
②将图层切换到“粗实线”层，绘制通孔的俯视图(具体步骤读者根据前面学习的内容自定)；
③将图层切换到“虚线”层，绘制通孔的主视图和左视图。
(5) 倒圆角(具体步骤参照以前学的内容)。
底板如图 8-5 所示。

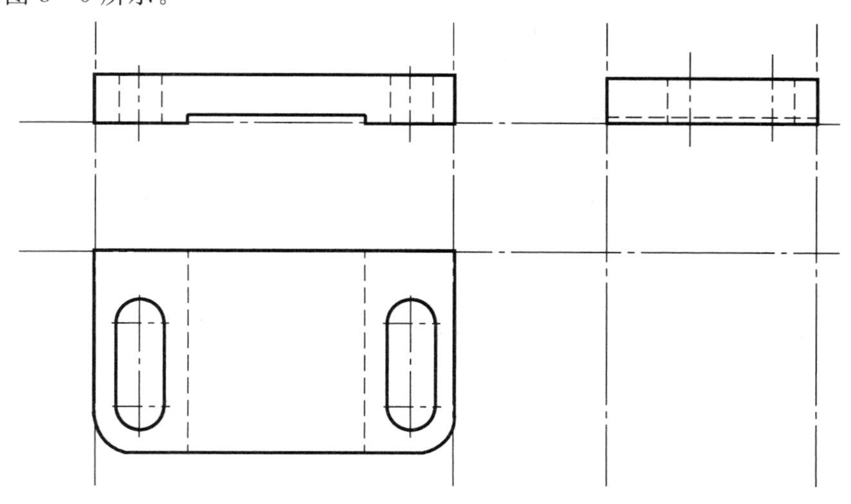

图 8-5　绘制底板上的孔

四、绘制底板上面的长方体及其里面的孔、槽

具体绘图步骤略，参照以前讲过的实例。

(1) 绘制底板上面长方体的三个视图。如图 8－6。

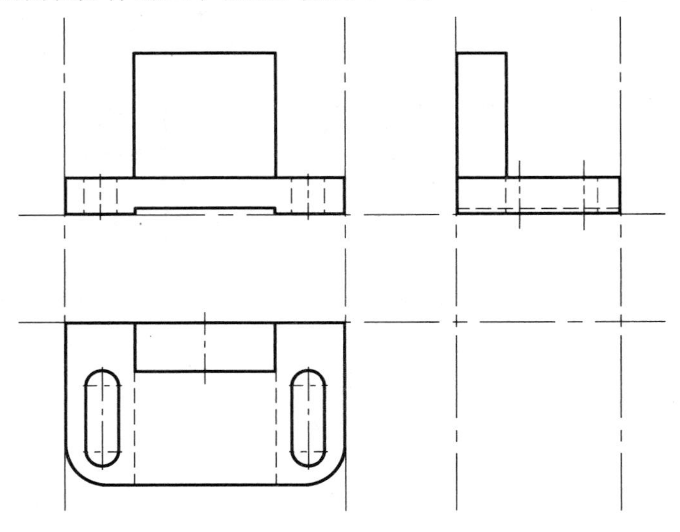

图 8－6　绘制后背板

(2) 绘制阶梯平台和半圆槽的三视图

①先将图层切换到“中心线”层，绘制中心线；

②再将图层切换到“点划线”层，绘制轮廓线；

③修剪被切去的部分。

结果如图 8－7。

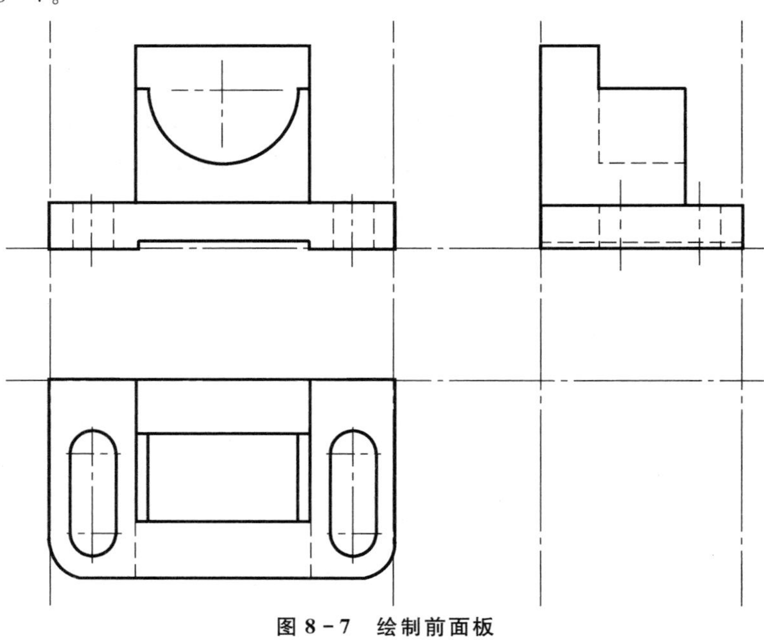

图 8－7　绘制前面板

(3) 绘制“◡”形的通孔。在绘制通孔的三视图时，要随时利用“对象追踪”命令，根据三视图“长对正、高平齐、宽相等”的原则来绘制，这样就比较方便。如图 8-8。

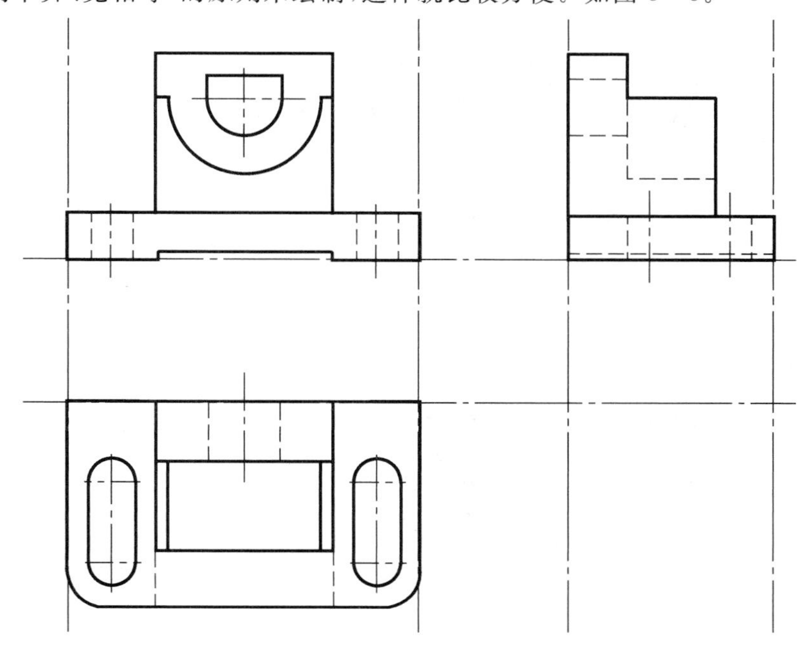

图 8-8　绘制孔

五、绘制两个支承肋板的三视图

如图 8-9 所示。绘图步骤读者自己思考。

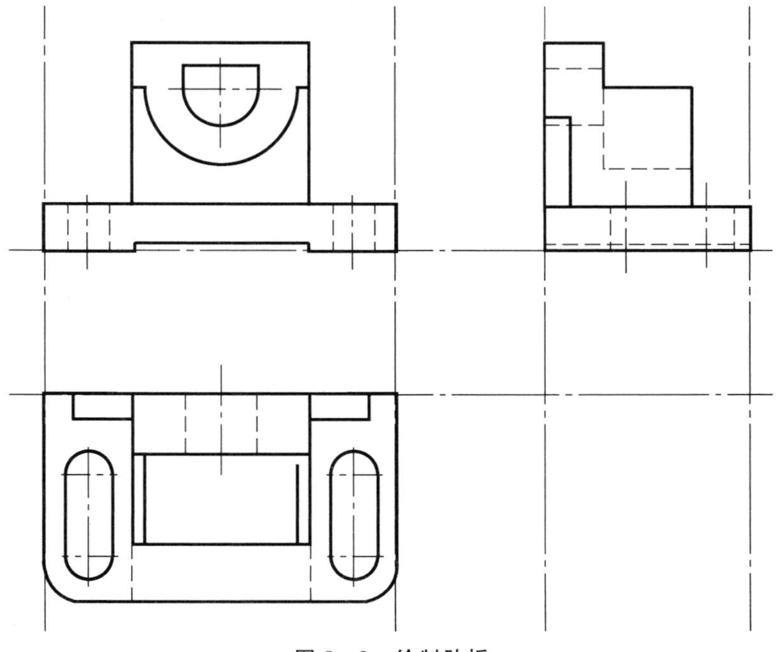

图 8-9　绘制肋板

六、删除所有的辅助线

七、标 注

将在第十章中作详细介绍。最终效果图如图 8－10 所示。

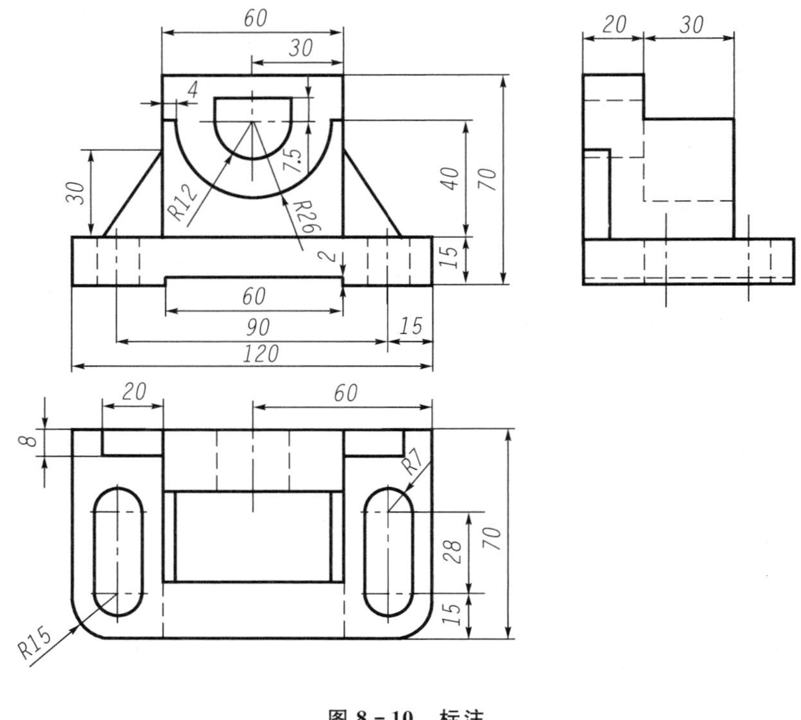

图 8－10 标注

本 章 小 结

本章主要介绍了组合体三视图的绘制流程。在绘制组合体三视图的时候，要考虑到三视图的“三等”关系。在这里，我们就充分利用了“构造线”；在绘制组合体时，我们采用“形体分析法”来绘制。在本章的讲解中，详细的绘图步骤读者自己可以根据前面学习的基本命令自己考虑。学习完本章之后，读者应完成相应的练习来加以巩固。

第九章　综合应用实例1——轴的绘制

本章学习目标：

★　熟练运用“绘图”工具栏中的基本命令

★　熟练运用“修改”工具栏中的基本命令

★　掌握绘制零件图的方法和技巧

★　掌握移出断面图和局部放大图的绘制方法

绘　制　轴

实例目标：完成图9－1轴的零件图。

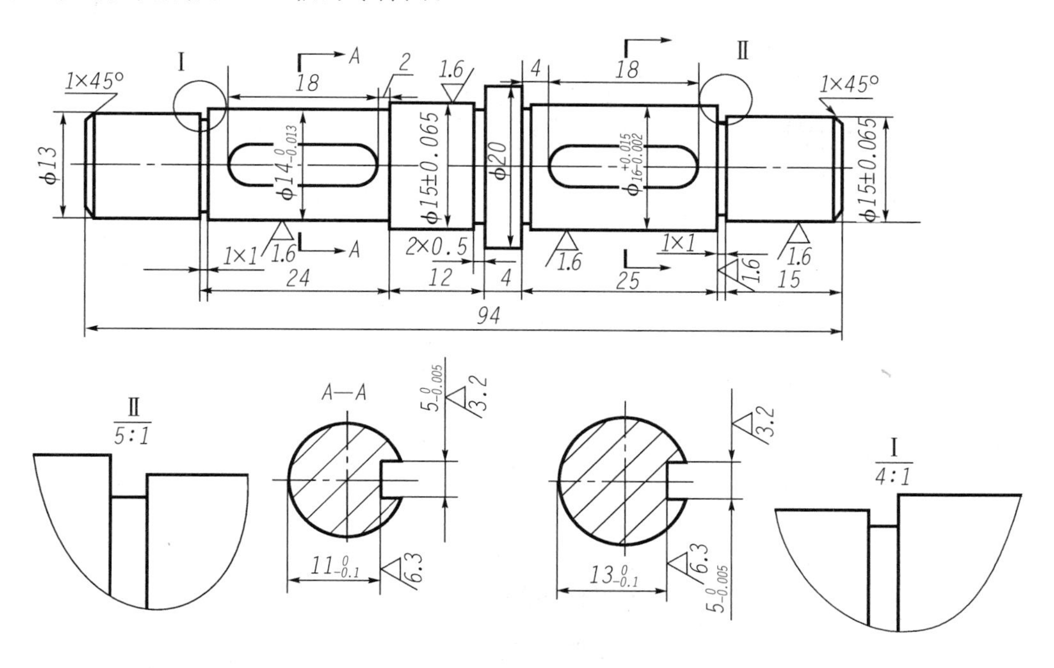

图9－1　轴的零件图

绘图步骤：

一、设置图层界限

可直接选择 A3 图纸。

二、设置图层

如表 9－1。

表 9－1　图层分类

名称	颜色	线型	线宽
粗实线	白色	Continuous	0.4
点划线	蓝色	Center	默认
虚线	红色	ACAD－ISO02w100	默认
标注	白色	Continuous	默认

三、充分利用“直线”命令、“正交”工具、“对象捕捉、对象追踪、偏移、修剪”和“镜像”命令来绘制轴主视图

（1）将图层切换到“粗实线”层。

（2）打开“正交”工具按尺寸绘制直线。如图 9－2 所示。

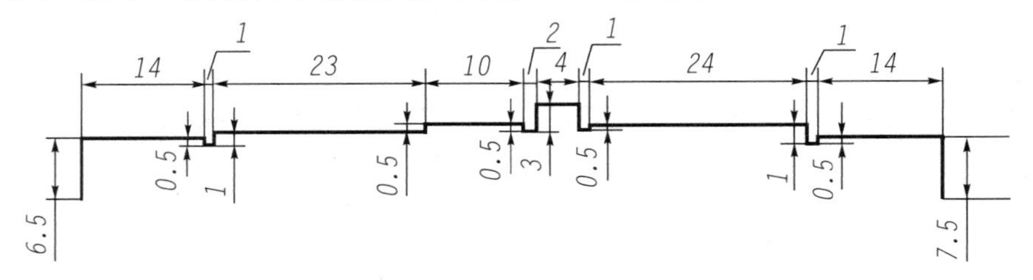

图 9－2　绘制上半轮廓

（3）将图层切换到“点划线”层，绘制主视图的中心线。

（4）绘制轮廓上的倒角，并且绘制出每段台阶轴间的轮廓线。如图 9－3 所示。

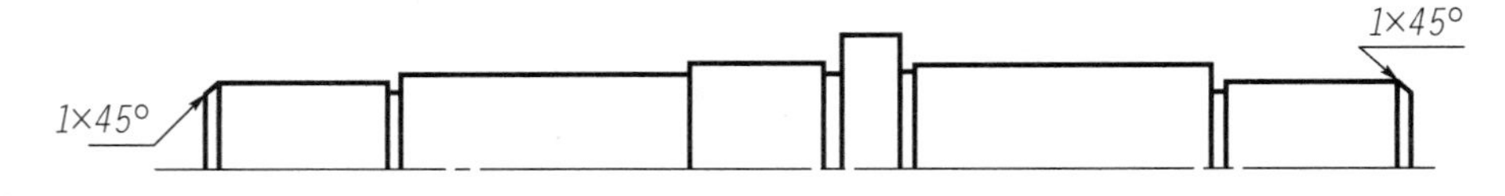

图 9－3　绘制倒角

（5）采用“镜像”命令，将上半部分轮廓“镜像”复制到下面。如图 9－4 所示。

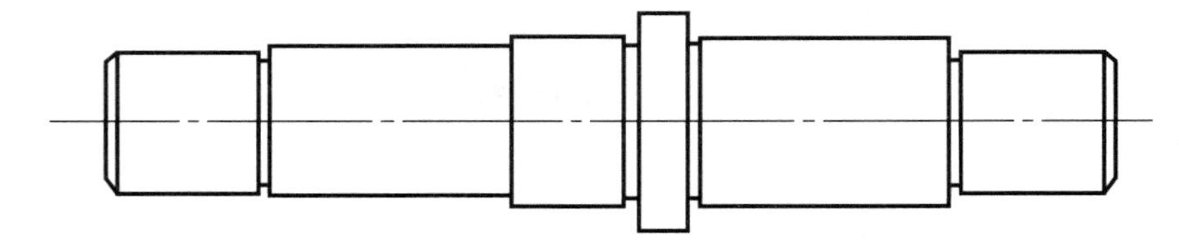

图 9－4　镜像下半轮廓

四、将键槽在轴上定位，并绘制键槽的移出断面图

1）该零件图中键槽的定形和定位尺寸。

左边键槽的定形尺寸为长：18mm；宽：5mm；深：3mm；

左边键槽的定位尺寸为 2mm。

右边键槽的定形尺寸为长：18mm；宽：5mm；深：3mm；

右边键槽的定位尺寸为 4mm。

2）绘制键槽的形状。如图 9－5 所示。

图 9－5　绘制键槽

3）根据定位尺寸，采用“移动”命令将键槽移到轴上。

点击“修改”工具栏中的按钮。

（1）左端键槽的定位：将键槽的右端点移动到轴的定位点处。如图 9－6。

（2）右端键槽的定位：将键槽的左端点移动到轴的定位点处。如图 9－7。

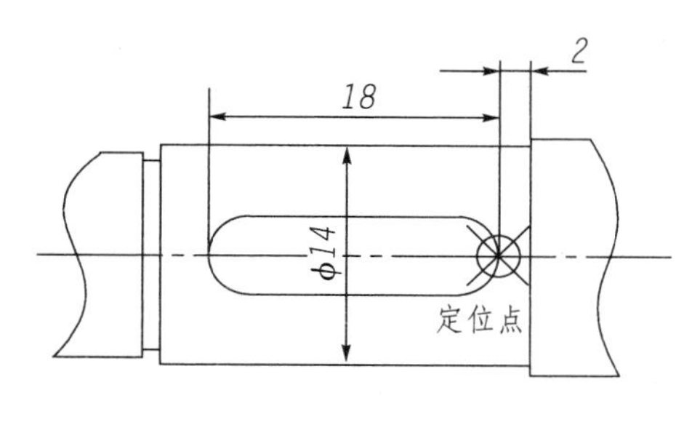

图 9－6　定位左键槽

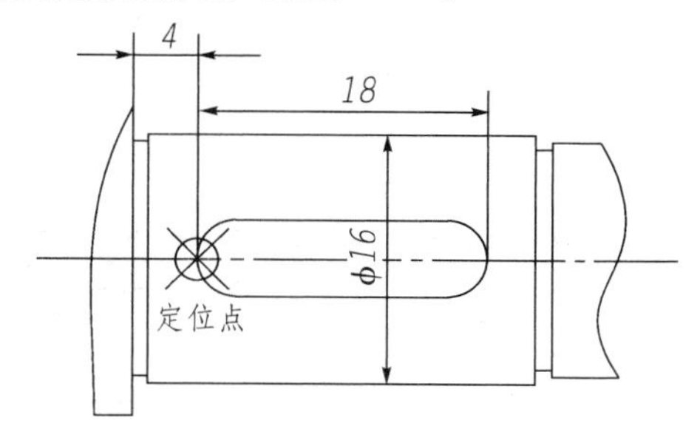

图 9－7　定位右键槽

4）采用移出断面表达键槽，以左端键槽为例。

绘图步骤：

（1）画 A 圆：用最近点捕捉，捕捉中心线上的一点作为圆心，捕捉垂足确定半径。如图 9－8 所示。

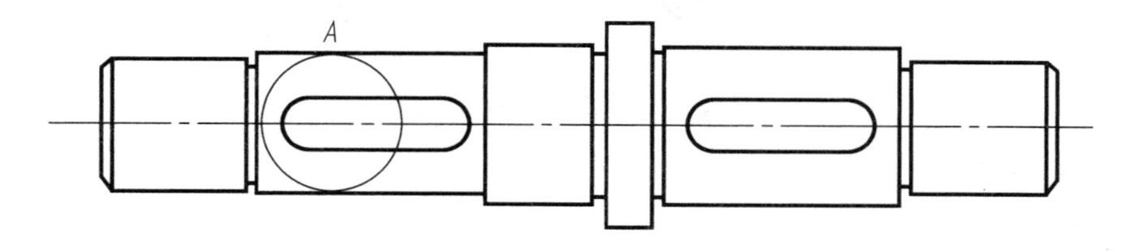

图 9－8　绘制辅助圆

（2）复制圆和矩形键槽。如图 9－9 所示。

（3）打开“正交”，捕捉象限点画直线，偏移直线。如图 9－10 所示。

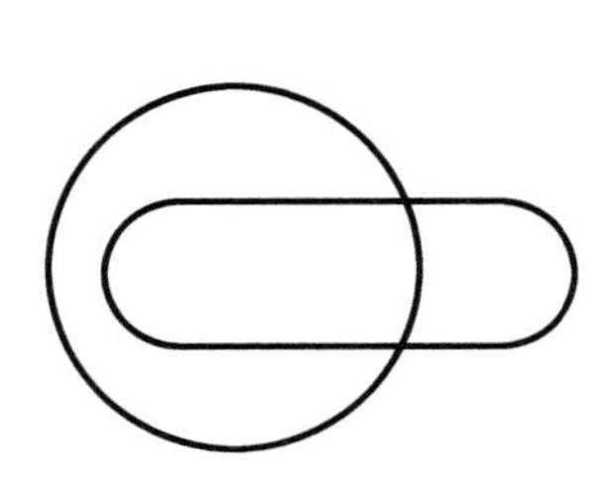

图 9-9　复制圆和键槽

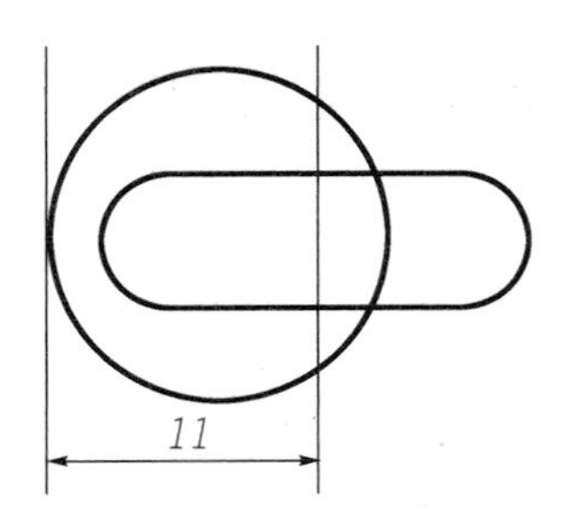

图 9-10　绘制直线

(4) 步骤如下

① 修剪图线；

② 使“剖面线”层为当前层，采用“图案填充”命令画剖面线，填充图案符号：ANSI31，角度：0，比例：0.6；

③ 使“中心线”层为当前层，画中心线；

④ 自由配置时要标出剖切名称 $A—A$，如图 9-11 所示。

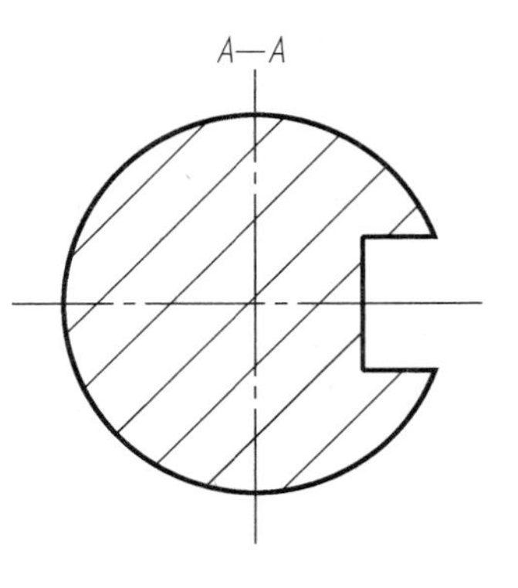

图 9-11　修剪、打剖面线

5) 按照上述同样的步骤，绘制轴上右端键槽的移出断面图。由零件图可知，右端键槽配置在剖切线的延长线上，这时，剖切名称可不必标出。

结果如图 9-12 所示。

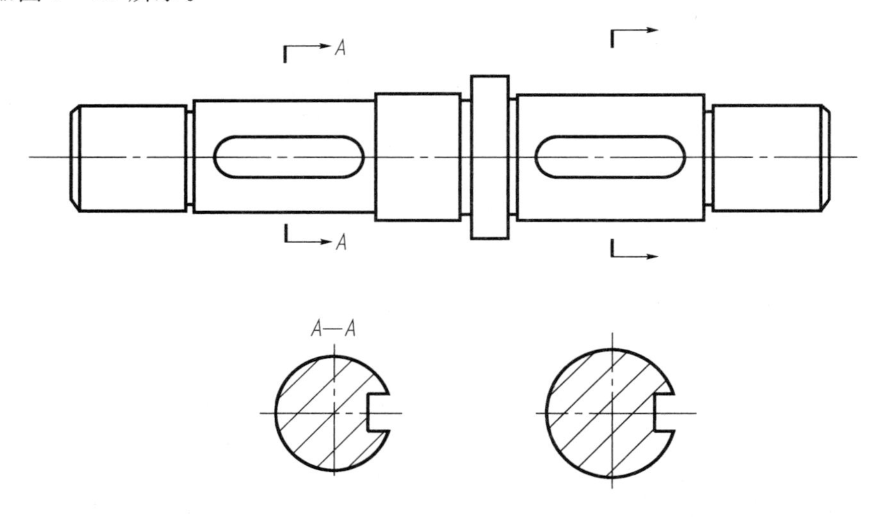

图 9-12　轴的主视图和移出断面图

五、绘制局部放大图

采用局部放大图表达Ⅰ处和Ⅱ处。

绘图步骤：

(1) 在局部放大部位画一适当大小的圆(只要能包围局部放大区域即可)，用“交叉窗口”方式选择对象，复制图线。如图 9-13 所示。

（2）用“缩放”命令将复制出的图线放大 3 倍；使“细实线”层为当前层，用“样条曲线”命令画波浪线。如图 9－14 所示。

（3）修剪图线，完成局部放大图Ⅰ。如图 9－15 所示。

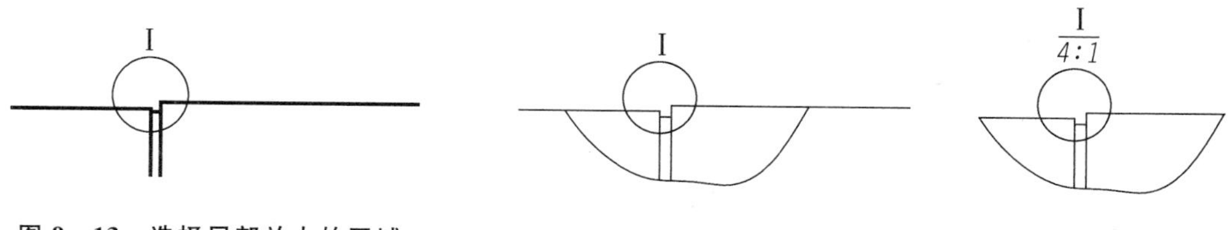

图 9－13　选择局部放大的区域　　**图 9－14　放大 3 倍**　　**图 9－15　修剪图线**

（4）按照上述同样的步骤，绘制轴上Ⅱ处的局部放大图。

结果如图 9－16 所示。

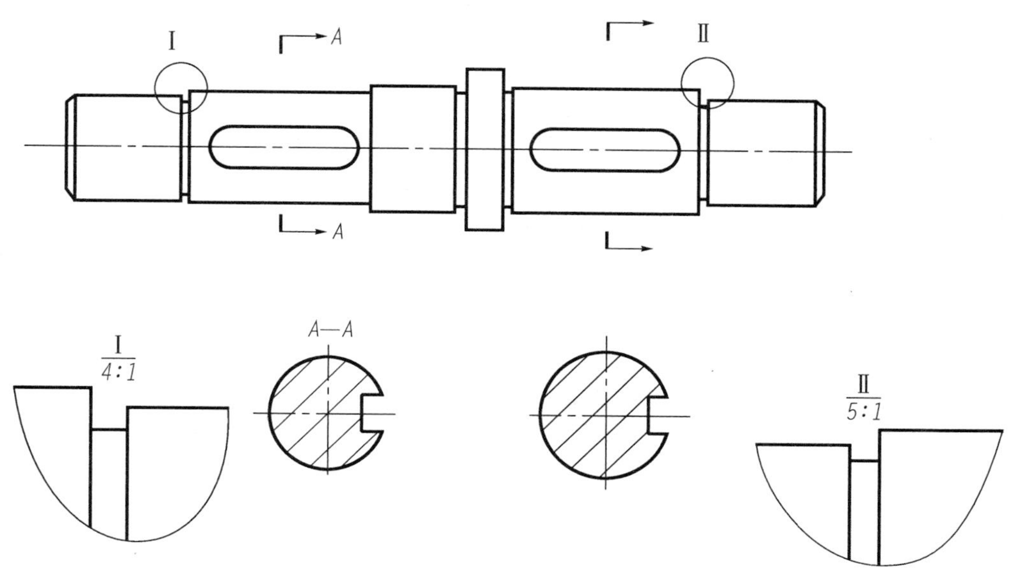

图 9－16　轴的主视图、移出断面图和局部放大图

六、尺寸标注

该零件图的标注包括：常规标注、表面粗糙度标注和极限偏差标注。

标注的具体步骤参照第十章。

标注的一般原则：

（1）尺寸要完整。

（2）尺寸要清晰。

（3）尺寸要正确。

（4）尺寸要合理。

结果如图 9－17。

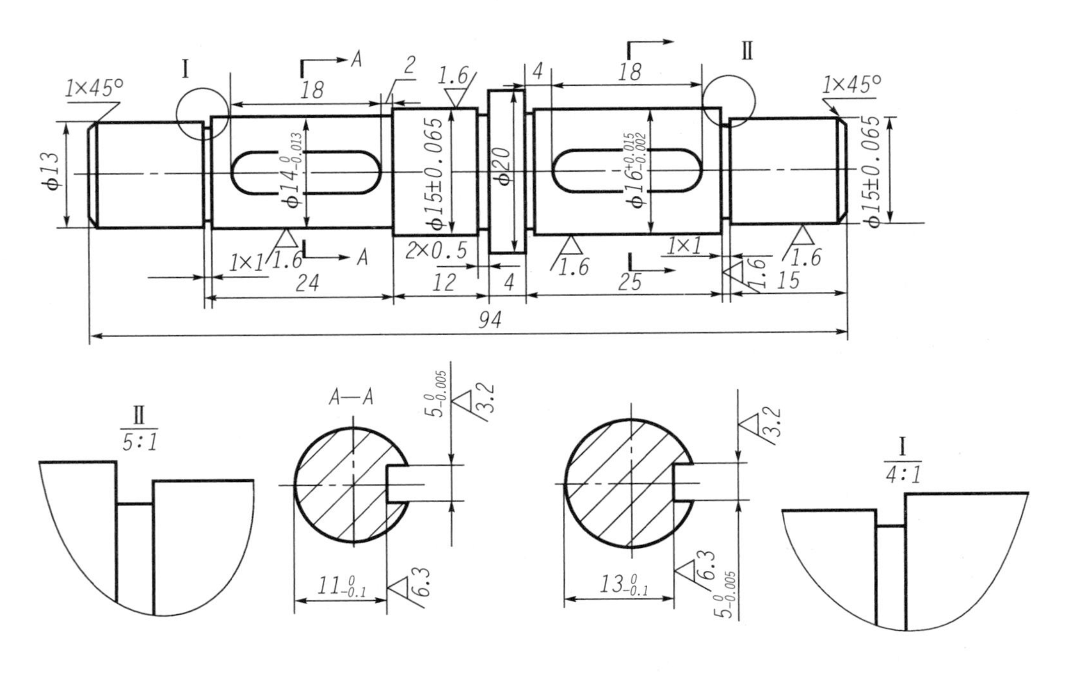

图 9-17　尺寸标注

本 章 小 结

本章主要介绍了轴类零件的绘制过程。读者通过本章的学习，要能读懂常见的零件图，会选择零件图的表达方法。比如，本章介绍了轴上键槽移出断面图的绘制和局部放大图的绘制。在本章的学习过程中，能够进一步掌握"绘图"工具栏和"修改"工具栏中基本命令的用法，而且还要能够举一反三；遇到其他比较复杂的图形，要能够根据以前学习的内容来解决新的问题。读者在学习完之后，要通过大量的练习来加以巩固。

第十章　综合应用实例 2——端盖的绘制

本章学习目标：

★　样本文件的设置方法

★　文本编辑的方法

★　“修剪”命令的使用

★　尺寸标注

实例目标：在 A4 图幅内绘制如图 10－1 所示的泵体端盖零件图。

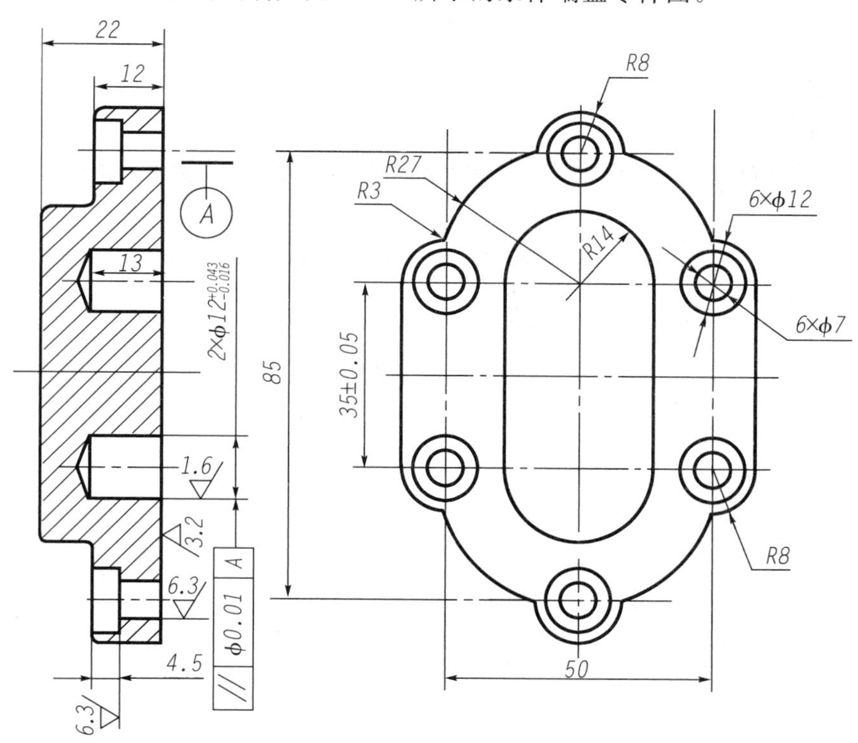

图 10－1　泵体的端盖图

目标一　制作样板文件

制作样板文件步骤：

(1) 绘制零件图的样板图注意事项

①严格遵守国家标准的有关规定；

②使用标准线型；

③将图限设置适当，以便能包含最大操作区；

④按标准的图纸尺寸打印图形。

(2) 设置单位。在“格式”下拉菜单中单击“单位”选项，AutoCAD2007 打开“图形单位”对话框，在其中设置长度的类型为小数，精度为 0；角度的类型为十进制度数，精度为 0，系统默认逆时针方向为正。

(3) 设置图形边界。设置图形边界的过程如下：

命令：limits

重新设置模型空间界限：

指定左下角点或［开(ON)/关(OFF)］<0,0>：

指定右上角点 <420,297>：210,2974 ↙

(4) 设置图层（设置结果如图 10-2）

①设置层名；

②设置图层颜色；

③设置线型；

④设置线宽。

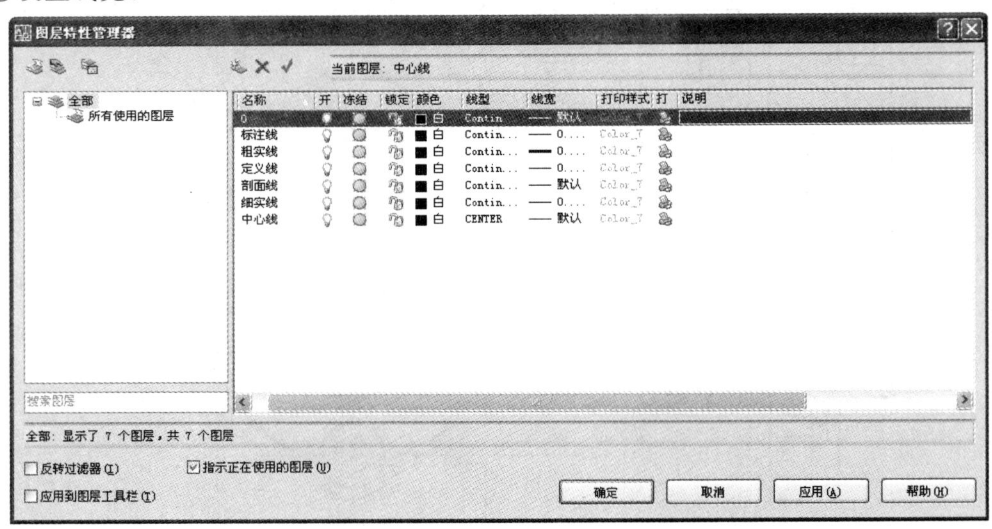

图 10-2　图层特性管理器

(5) 绘制图框线。如图 10-3 外框。步骤如下：

单击“绘图”工具栏中的“直线”按钮。

命令：line 指定第一点：25,5

指定下一点或［放弃(U)］：205,5

指定下一点或［放弃(U)］：205,292

指定下一点或［闭合(C)/放弃(U)］：25,292

指定下一点或［闭合(C)/放弃(U)］：c ↙

图 10-3　加入标题栏后的样板图

（6）绘制标题栏。如图 10-4。

标题栏的格式国家标准(GB)已作了统一规定，绘图时应遵守。为简便起见，我们可以采用简化的标题栏。

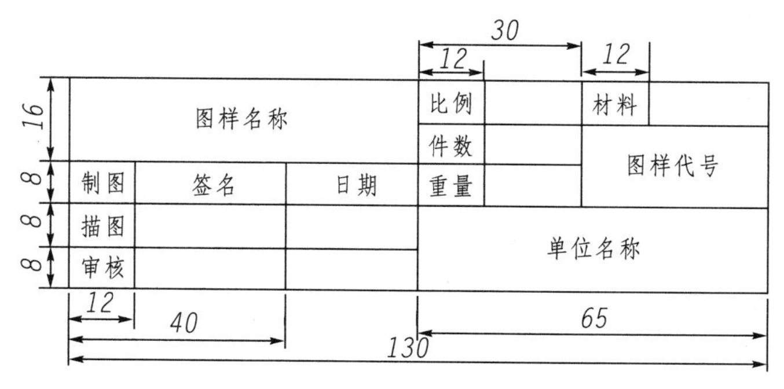

图 10-4　标题栏格式

在这里涉及很多文本编辑，即"单行文字"和"多行文字"的使用。

创建多行文本的步骤：

① 单击"绘图"工具栏中的"多行文字"按钮 **A**，按命令提示指定两对角点，确定文字注写的范围，用鼠标在绘图区拖框即可。

② 启动"多行文字编辑器"对话框，在空白区内输入文字、数字及符号等。如图 10-5。

（7）保存成样板文件。把已创建好的样板文件保存到合适的位置。

图 10-5 “文字格式”对话框

目标二　绘 制 图 形

(1) 打开已建立的样板文件。

(2) 绘制中心线。如图 10-6。中心线是作图的基准线，作图的基准线确定后，视图的位置也就确定了。因此，在定位中心线时，应考虑到最终完成的图形在图框内布置要匀称。

中心线的线型为 Center(点划线)，通过“对象特性”工具栏将它设为当前层，然后用“直线”命令绘出主视图和左视图的中心线和轴线，从而确定了两个视图的位置。

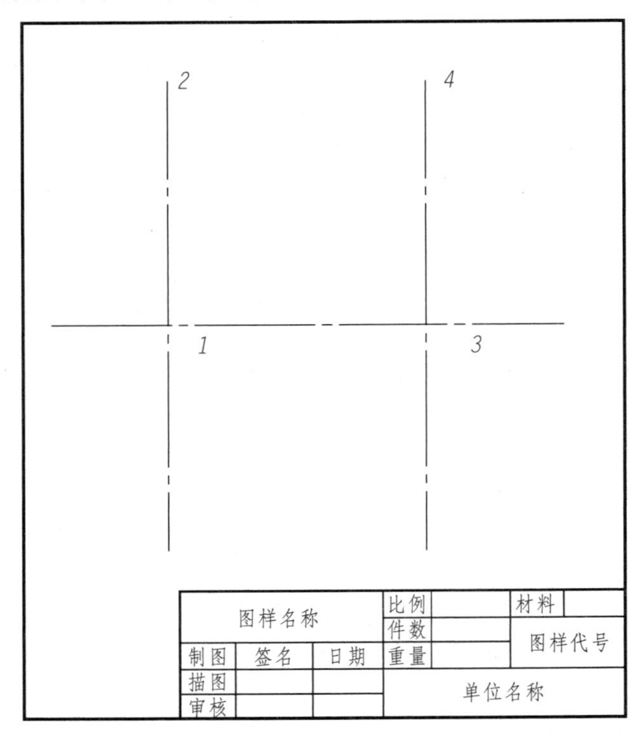

图 10-6 绘制中心线

(3) 绘制主视图上半部分的轮廓线。在绘制主视图时，我们可以通过 Offset(偏移)和 Trim(修剪)两个编辑命令完成大部分图形的操作。偏移后如图 10-7 所示。

“偏移”命令可以对编辑对象进行偏移复制，绘出与原对象平行且相距一定距离的新图形。

使用“偏移”命令的步骤如下：

单击“修改”工具栏中的“偏移”按钮。

命令：offset

指定偏移距离或［通过(T)］＜通过＞：输入距离

选择要偏移的对象或＜退出＞：选择被偏移的目标

指定点以确定偏移所在一侧：确定偏移方向

选择要偏移的对象或＜退出＞：↙

绘图步骤如下：

①将 2 直线向左偏 12 和 22。

②将 1 直线向上偏 31.5、50.5、42.5 和 17.5。如图 10－7 所示。

③对其进行修剪。如图 10－8。

④切换图层，将轮廓线变为粗实线。

⑤进行三处“圆角”编辑。如图 10－9。

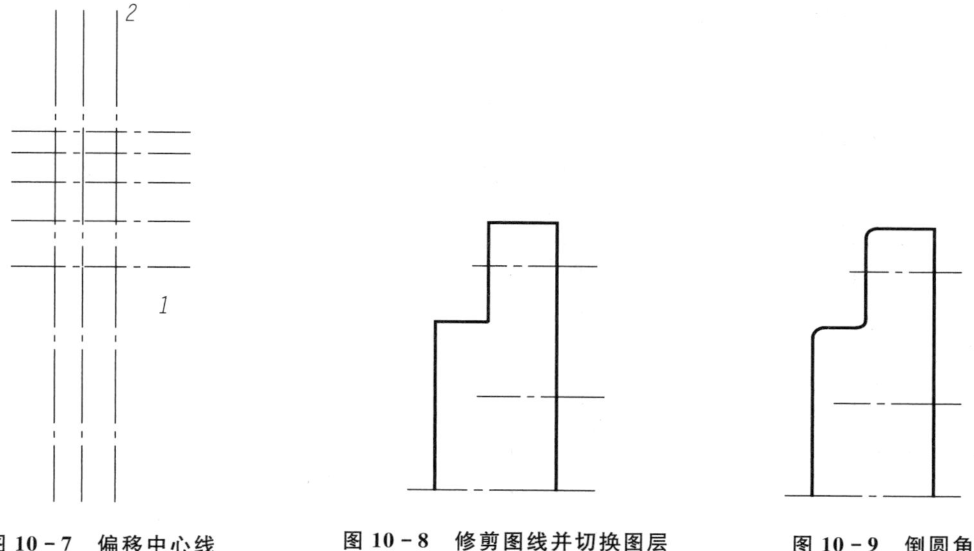

图 10－7　偏移中心线　　**图 10－8　修剪图线并切换图层**　　**图 10－9　倒圆角**

步骤：

单击“修改”工具栏中的“圆角”按钮。

命令：fillet

当前设置：模式 ＝ 修剪，半径 ＝ 2.0000

选择第一个对象或［多段线(P)/半径(R)/修剪(T)/多个(U)］：

选择第二个对象：

⑥绘制 ϕ12 沉孔，采用“偏移”命令后再修剪，并将图线切换到“粗实线”层。如图 10－10。

⑦绘制 ϕ12 锥孔，采用“偏移”命令后再修剪，并将图线切换到“粗实线”层。如图 10－11。

(4) 采用“镜像”命令，绘制主视图的下半部分轮廓线。如图 10－12。

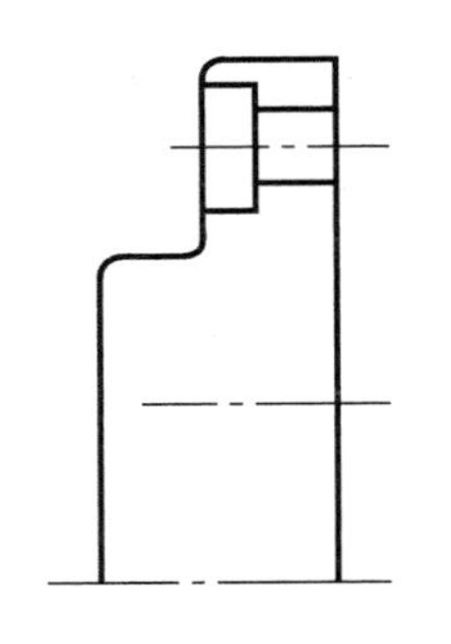

图 10-10　绘制沉孔

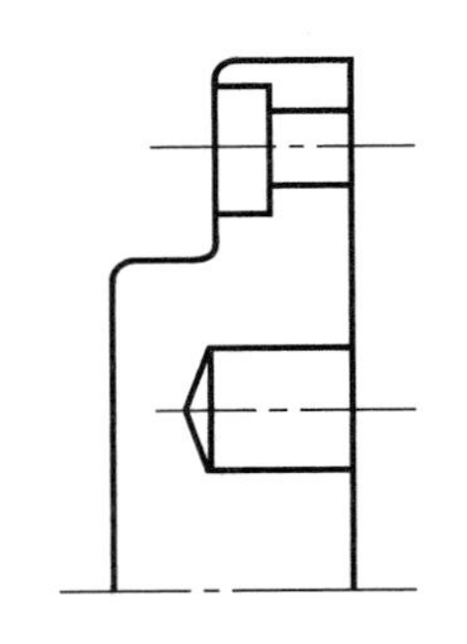

图 10-11　绘制锥孔

步骤：单击“修改”工具栏中的“镜像”按钮。

命令：mirror

选择对象：指定对角点：（找到 25 个）

选择对象：

指定镜像线的第一点：指定镜像线的第二点

是否删除源对象？[是(Y)/否(N)] <N>：↙

（5）绘制剖面线。如图 10-13。剖面线设置如下：类型为 ANSI31，角度为 0，比例为 20。

（6）绘制左视图

①定位水平点划线上方 3 个沉孔的中心，通过对左视图中心线的偏移来实现。

②切换到“粗实线”层，绘制 3 个孔。如图 10-14 所示。

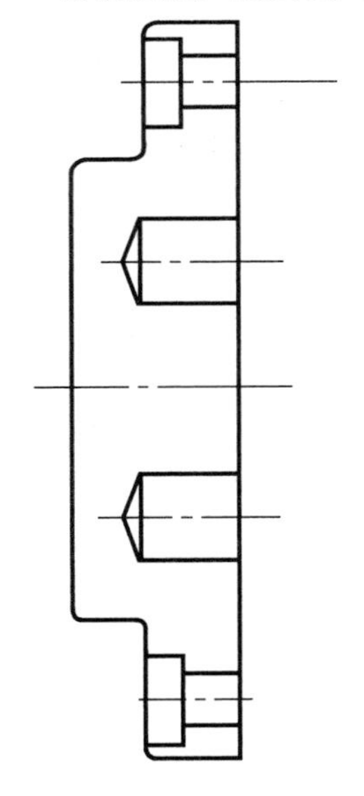

图 10-12　镜像下半轮廓

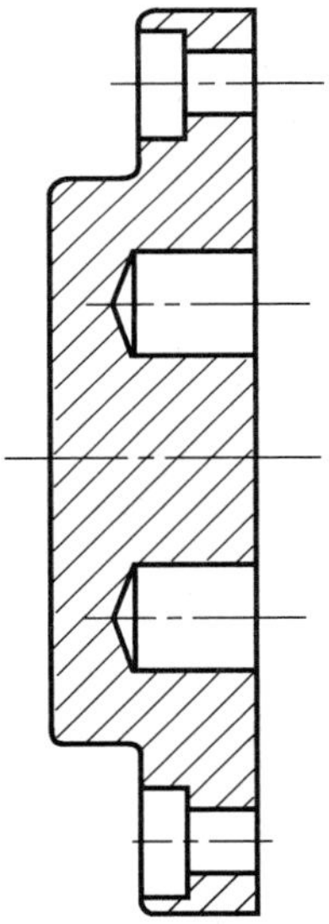

图 10-13　绘制剖面线

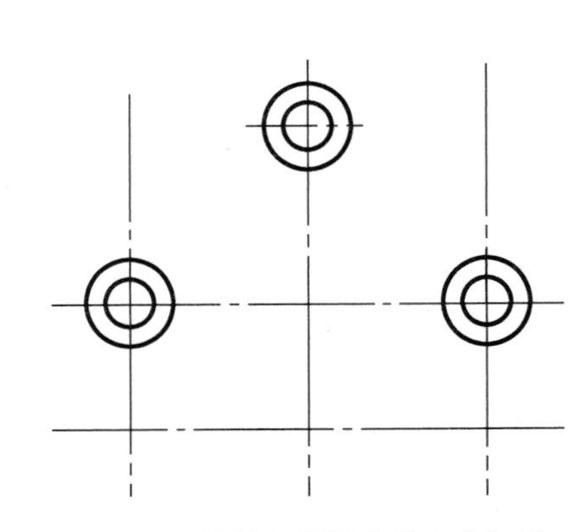

图 10-14　绘制左视图中的 3 个沉孔

由于 3 个沉孔是一样的，画完 1 个后，可采用“复制”命令。

复制步骤：

命令：copy

选择对象：指定对角点：（找到 2 个）采用框选方式

选择对象：
指定基点或位移，或者［重复(M)］：指定位移的第二点或 <用第一点作位移>：
③绘制外轮廓线。如图 10－15 所示。
这里要反反复复用到“修剪”和“圆角”命令，绘制时一定要细心。

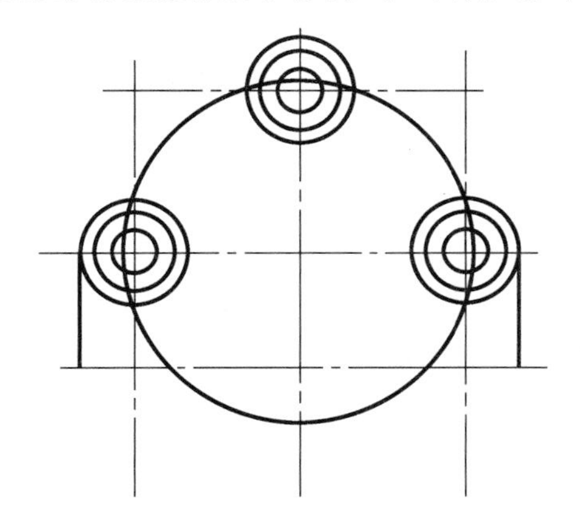
(a)修剪、圆角前

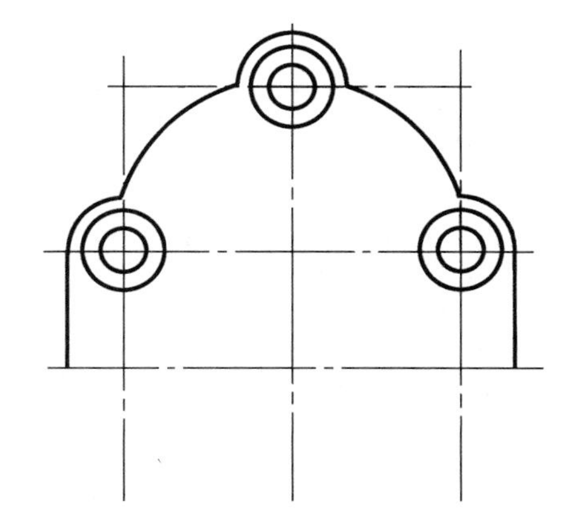
(b)修剪、圆角后

图 10－15　绘制外轮廓线并修剪

④绘制内轮廓线，并将多余的中心线修剪掉。如图 10－16 所示。
⑤采用“镜像”命令，绘制左视图下半部分的轮廓线，并显示线宽。如图 10－17 所示。

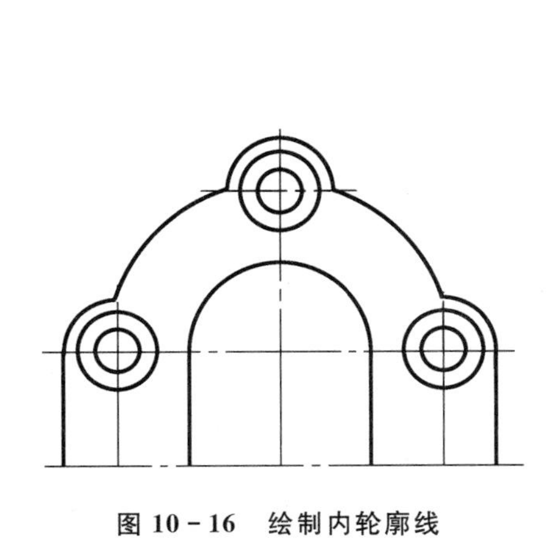
图 10－16　绘制内轮廓线

图 10－17　镜像下半部分轮廓

目标三 尺寸标注

该部分内容也是学习的重点，AutoCAD中提供了很多尺寸标注的类型和设置“标注”格式的方法。用户可以方便快捷地对各种类型的图形尺寸进行各个方向的标注。

一个完整的尺寸标注通常包括尺寸线、尺寸界线、尺寸箭头和尺寸文本。

新建尺寸标注样式，用于常规标注。步骤如下：

(1) 单击“标注”工具栏中的“标注样式”按钮。

(2) 启动“标注样式管理器”对话框，如图10－18所示。

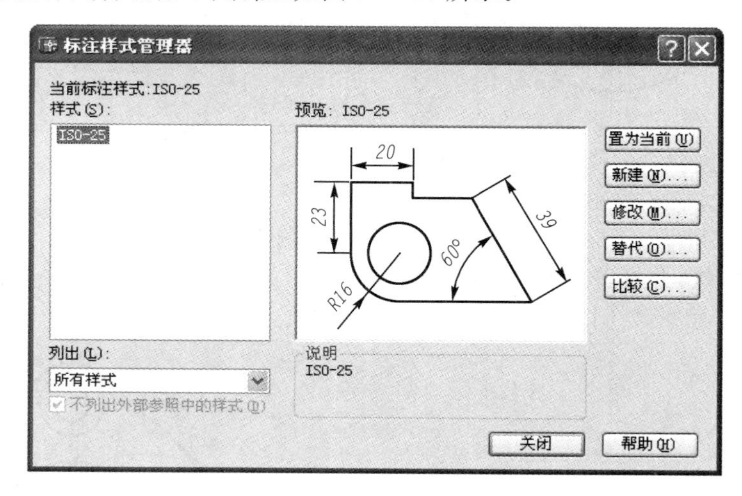

图10－18 “标注样式管理器”对话框

(3) 单击“新建”按钮。

(4) 启动“创建新标注样式”对话框，将“新样式名”输入栏改为“WWBGB”。如图10－19。

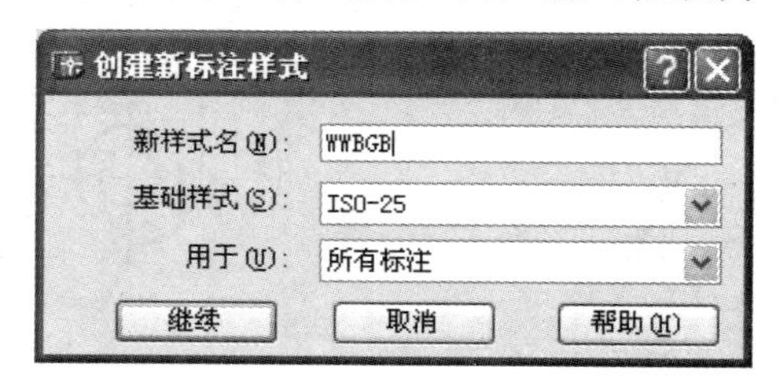

图10－19 “创建新标注样式”对话框

(5) 单击“继续”按钮，启动了带有6张选项卡的“WWBGB”对话框，其中多数选项不要改变，有些内容可以根据实际需要进行修改。如图10－20。

(6) 切换到“文字”选项卡，将“文字对齐”单选按钮选为“ISO标准”。如图10－21。

(7) “调整”选项卡如图10－22所示。

(8) “主单位”选项卡，因为线性标注出现了一位小数，所以精度应改为“0.0”。如图10－23所示。

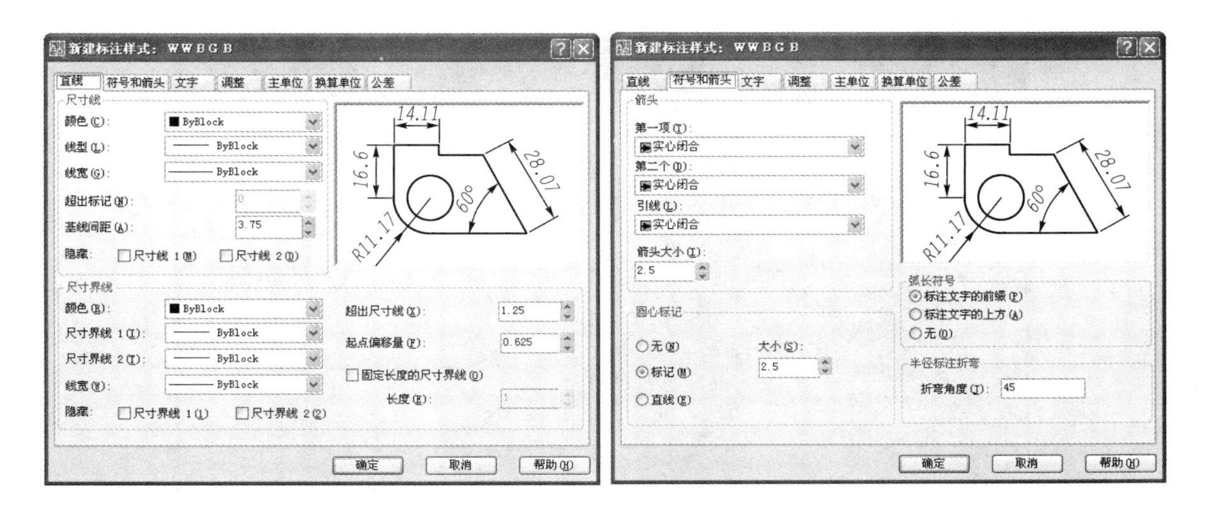

图 10－20 “直线、符号与箭头修改”对话框

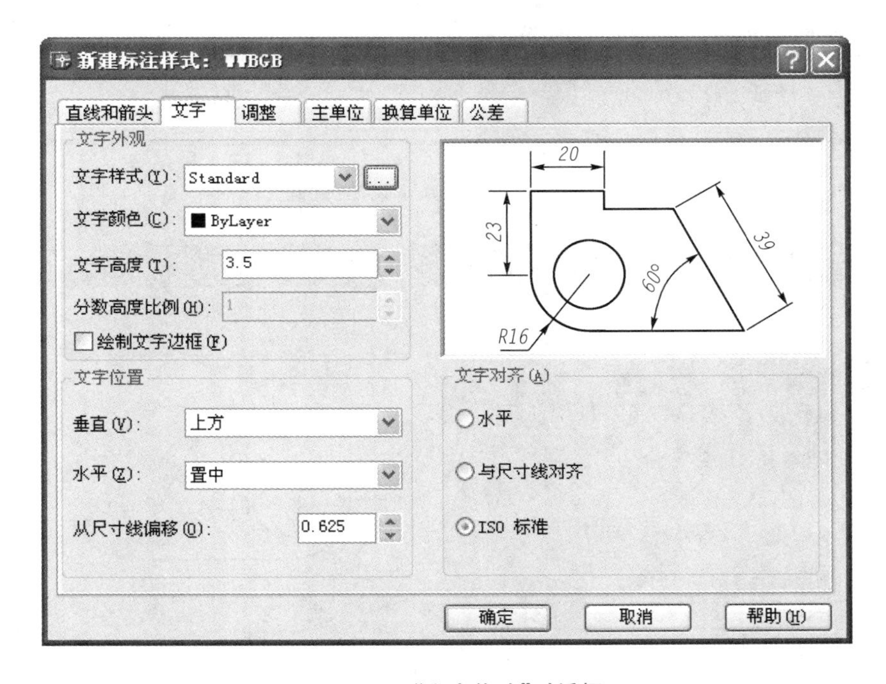

图 10－21 “文字修改”对话框

(9)“换算单位”选项卡和“公差”选项卡不启用，当标注公差时，再设置；本章实例中涉及公差的标注，这里，我们可以新建一个样式“WWBGB 副本”，在这个样式中可以设置“换算单位”和“公差”；极限偏差值可以随时调整。这里还要注意，我们要将“WWBGB 副本”样式中的“主单位”选项卡里的前缀加上“%%c”，表示直径符号“ϕ”。如图 10－24、图 10－25 和图 10－26。

(10)都设置好之后，单击“确定”，再单击“标注样式管理器”中的“关闭”。

下面标注实例中的尺寸：

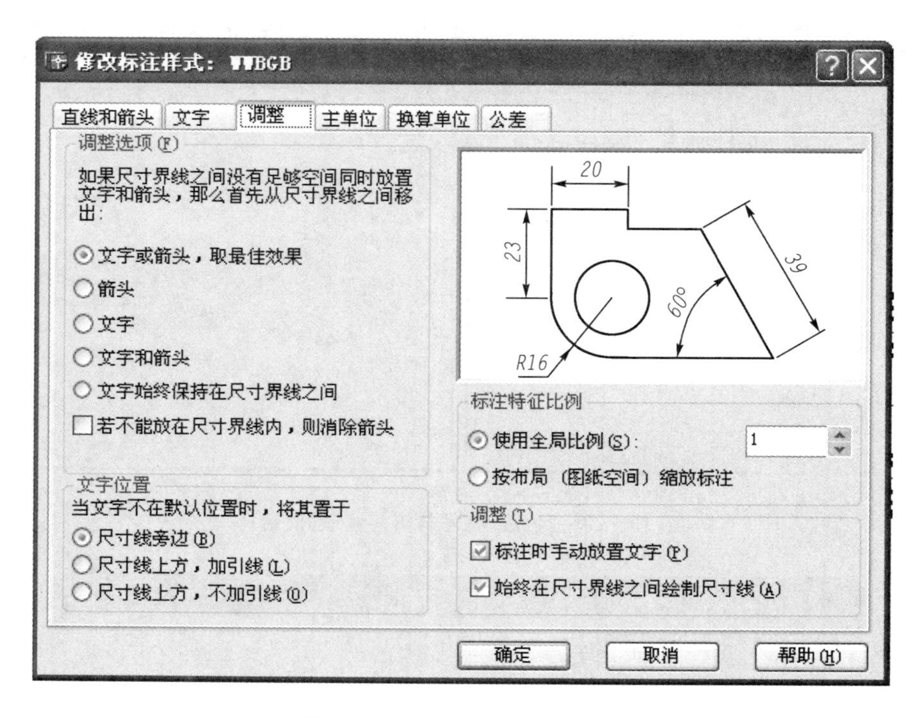

图 10－22 “调整修改”对话框

图 10－23 “主单位修改”对话框

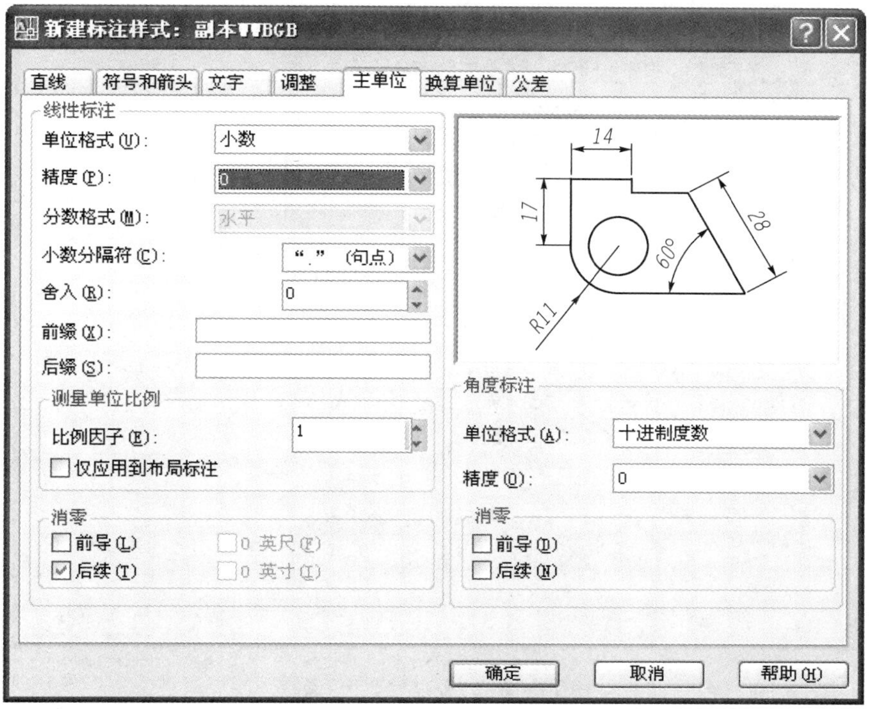

新建标注样式：副本WWBGB

直线 | 符号和箭头 | 文字 | 调整 | 主单位 | 换算单位 | 公差

线性标注

单位格式(U)： 小数

精度(P)： 0

分数格式(M)： 水平

小数分隔符(C)： “.”（句点）

舍入(R)： 0

前缀(X)：

后缀(S)：

测量单位比例

比例因子(E)： 1

仅应用到布局标注

消零

前导(L)　0 英尺(F)

后续(T)　0 英寸(I)

14

17

28

60°

R11

角度标注

单位格式(A)： 十进制度数

精度(O)： 0

消零

前导(D)

后续(N)

确定　取消　帮助(H)

图 10－24 “主单位修改”对话框

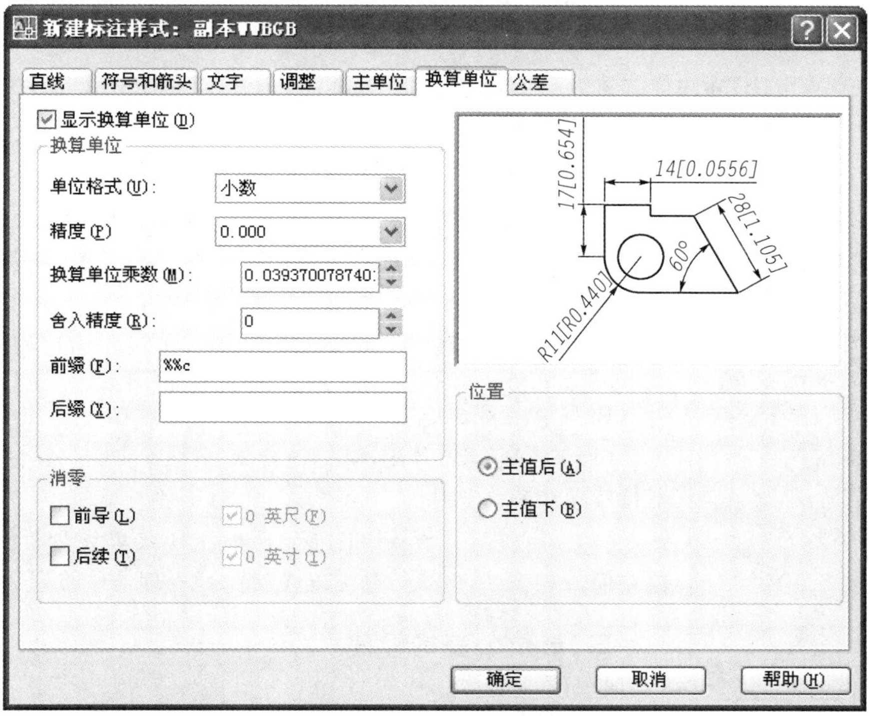

新建标注样式：副本WWBGB

直线 | 符号和箭头 | 文字 | 调整 | 主单位 | 换算单位 | 公差

显示换算单位(D)

换算单位

单位格式(U)： 小数

精度(P) 0.000

换算单位乘数(M)： 0.039370078740

舍入精度(R)： 0

前缀(F)： %%c

后缀(X)：

17[0.654]

14[0.0556]

28[1.105]

60°

R11[R0.440]

位置

主值后(A)

主值下(B)

消零

前导(L)　0 英尺(F)

后续(T)　0 英寸(I)

确定　取消　帮助(H)

图 10－25 “换算单位修改”对话框

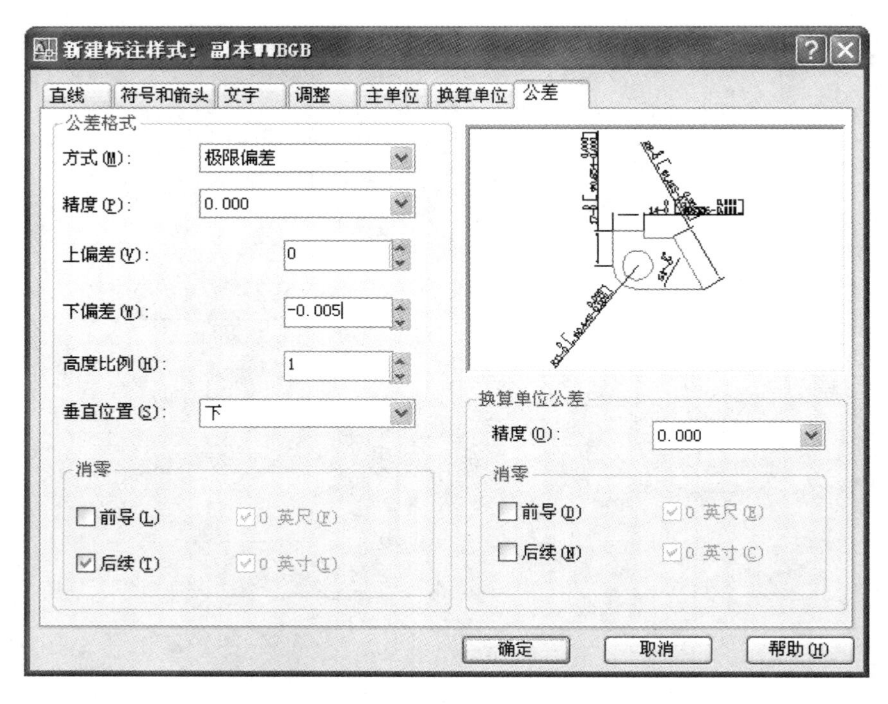

图 10-26 “公差修改”对话框

一、常规标注

如图 10-28。

(1) 将“WWBGB”标注样式置为当前,在“标注”工具栏的下拉菜单中直接选中。

(2) 切换标注图层中,并且要隐藏线宽。

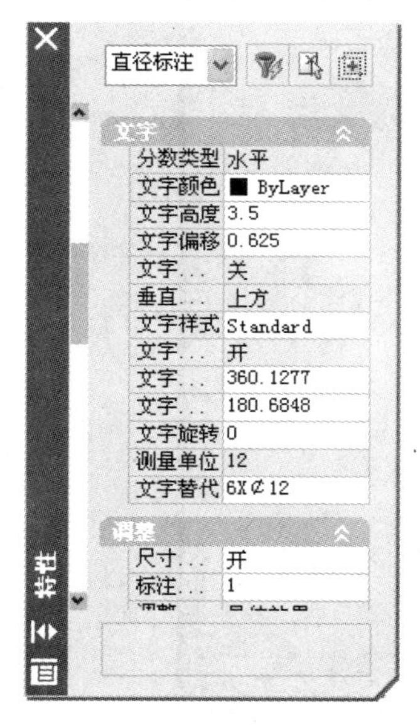

图 10-27 “特性”对话框

(3) 将“剖面线”层关闭,方便标注。

(4) 6× ϕ12 和 6× ϕ7 的标注,可先标注出 ϕ12 和 ϕ7,然后对这两个标注进行双击。在“特性”对话框的“文字替代”中用 6× ϕ12 替代 ϕ12,用 6× ϕ7 替代 ϕ7 即可。如图 10-27。

二、公差标注

如图 10-30。

(1) 将“WWBGB 副本”标注样式置为当前,在“标注”工具栏的下拉菜单中直接选中。

(2) 可直接在“WWBGB 副本”标注样式里设置标注的前缀和偏差值。如图 10-29。也可以在“特性”管理器中设置。

三、形位公差的标注

(1) 单击“标注”工具栏中“快速引线”按钮。

(2) 绘制指引线,指向“形位公差”的被标注对象。

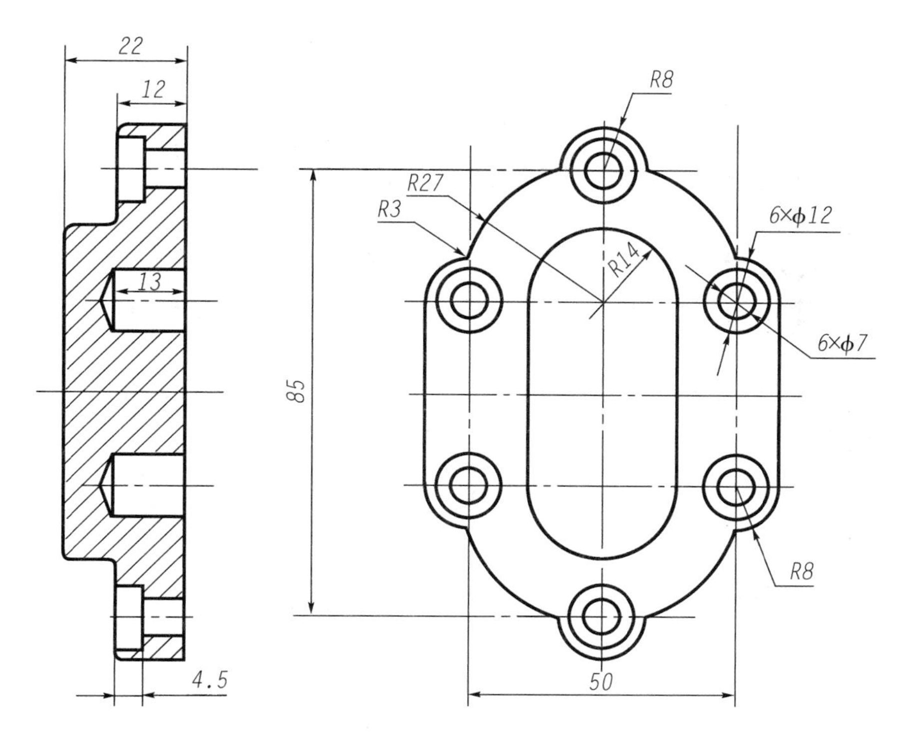

图 10－28　线性标注

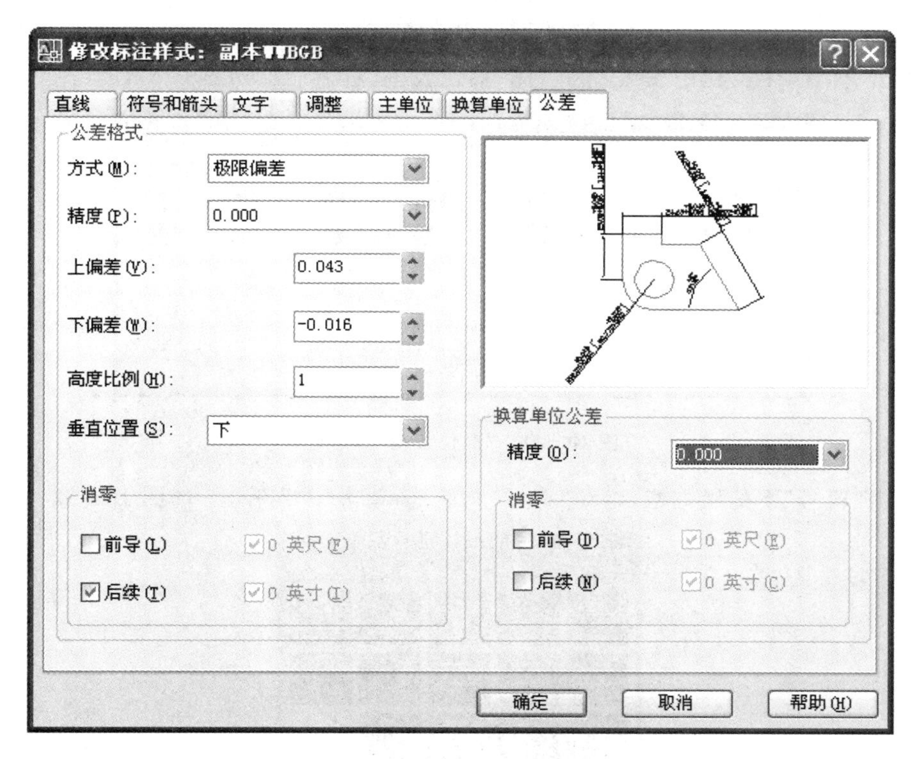

图 10－29　“公差修改”对话框

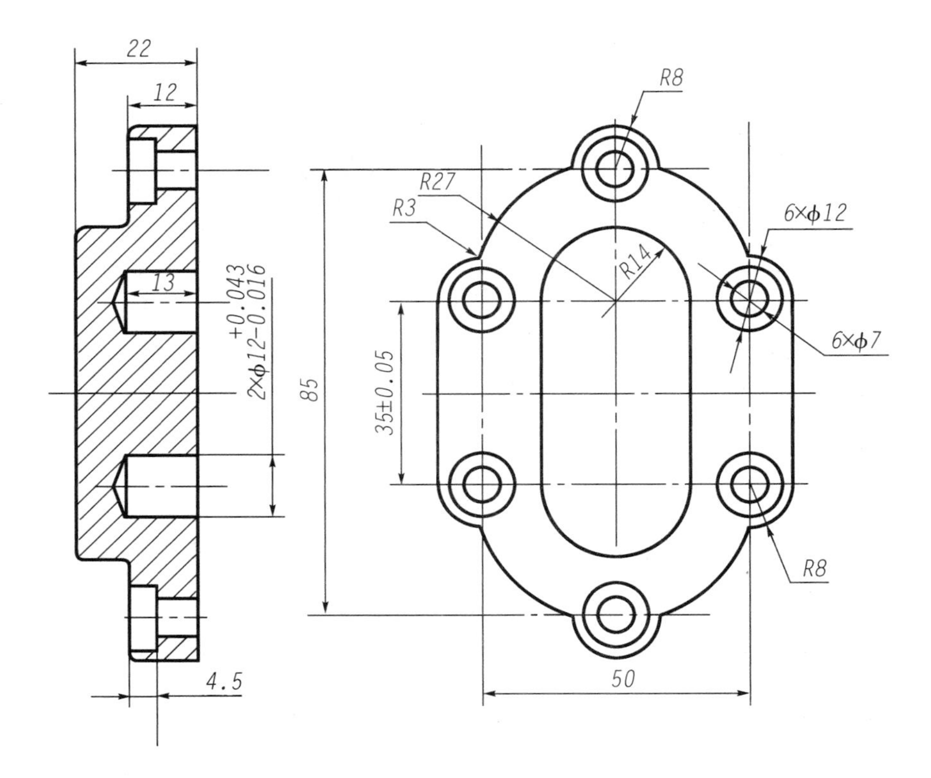

图 10 - 30　极限偏差标注

(3) 单击“标注”工具栏中按钮，启用“形位公差”对话框。如图 10 - 31。

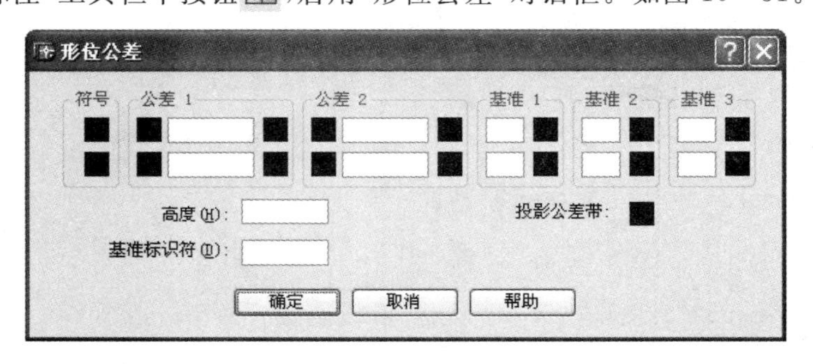

图 10 - 31　“形位公差”对话框

(4) 单击“符号”下的黑方格，启动“符号”对话框，单击“//”符号。如图 10 - 32。

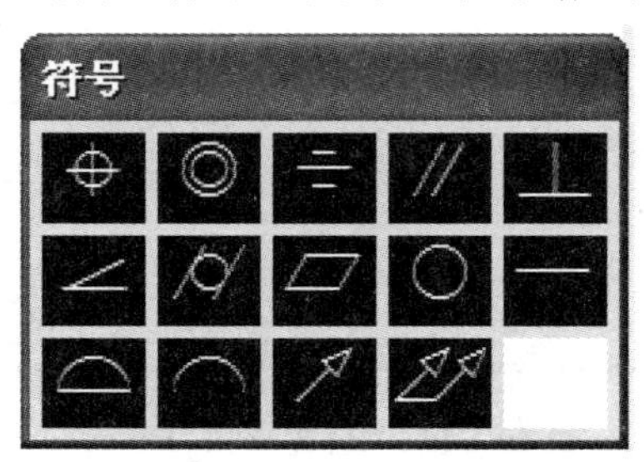

图 10 - 32　“符号”选择框

(5) 单击“公差 1”下方的黑方格，使其变为“ϕ”符号。

(6) 在“公差 1”栏中输入“0.01”。

(7) 在“基准 1”栏中输入“A”。如图 10－33。

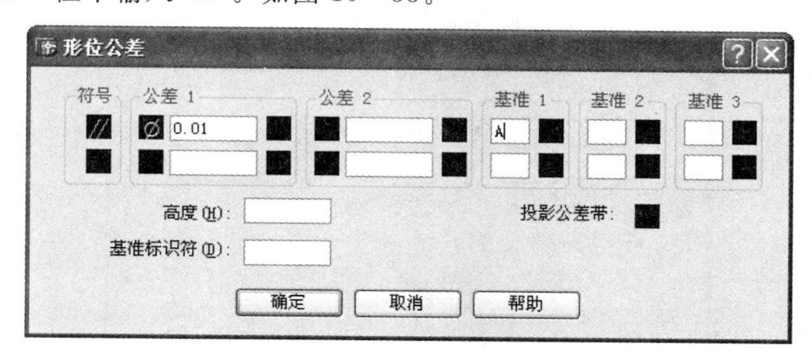

图 10－33 “形位公差”对话框

(8) 单击“确定”按钮。结果如图 10－34。

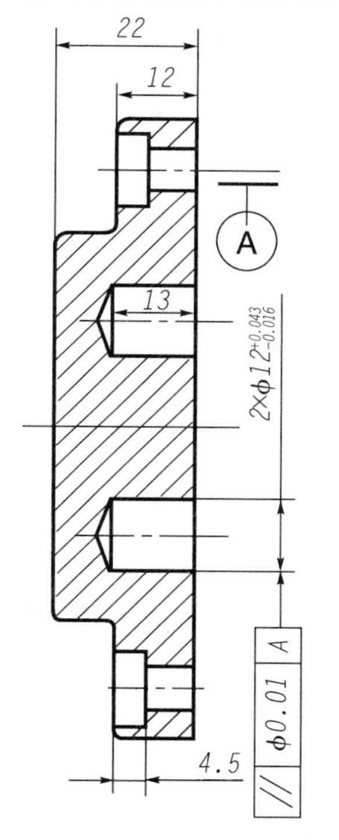

图 10－34 形位公差标注

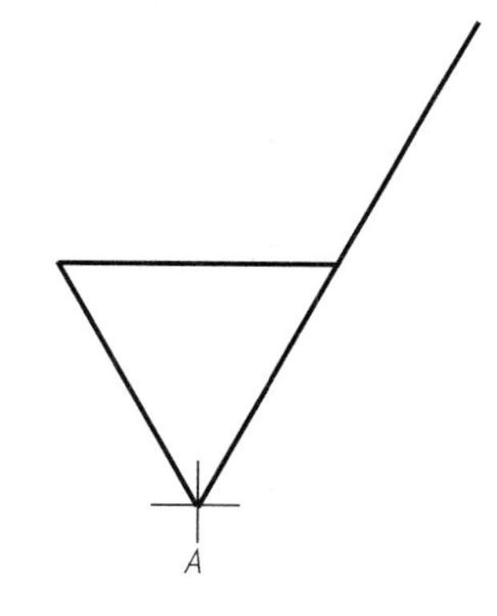

图 10－35 表面粗糙度符号

四、表面粗糙度的标注

表面粗糙度的标注：一般我们将表面粗糙度符号创建成块，标注时，插入块就行了。步骤如下：

(1) 绘制表面粗糙度的一个符号图形。如图 10－35。

(2) 单击“绘图”下拉菜单中的“块”，在子菜单中，单击“属性定义”。

(3) 在启动的“属性定义”对话框中，按照图 10－36 所示输入“标记、提示”和“值”。

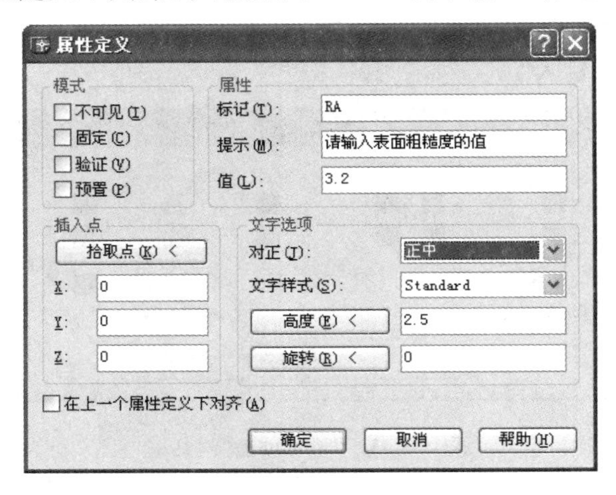

图 10－36 “属性定义”对话框

(4) 将“文本选项”区的“对正”栏选为“正中”。

(5) 单击“拾取点”按钮，中断“属性定义”对话框，进入绘图区，追踪图中横线中点上方。如图 10－37 所示。键盘输入“2”。

(6) 单击“确定”按钮，完成“属性定义”。其结果如图 10－38 所示。

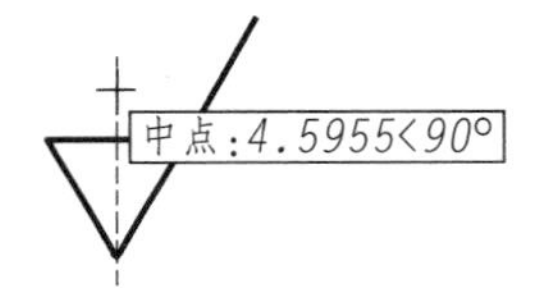

图 10－37 捕捉中点

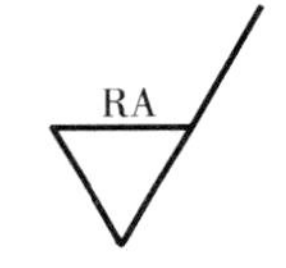

图 10－38 属性定义

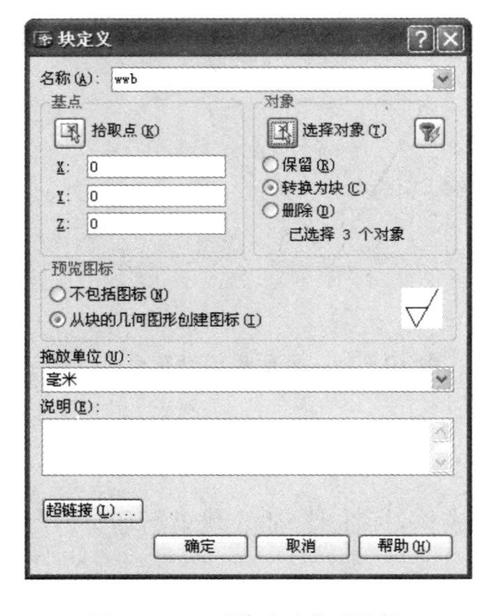

图 10－39 “块定义”对话框

(7) 创建带有属性的块，单击“绘图”工具栏中的“创建块”按钮。

(8) 在启动的“块定义”对话框中，如图 10－39，完成“块定义”的三要素

①输入块名：在“名称”栏中输入图块名称(可以是不包含：〈〉/“”：？ ＊ ＝等字符的任意名称，块名尽可能不和已有的图块重名，否则将覆盖原图块)。

②选择对象：单击“选择对象”按钮，进入绘图区，选择图 10－34 对象后按“回车”键。

③指定基点：单击“拾取点”按钮，进入绘图区，选择图 10－34 对象的 *A* 点，即为插入点。

(9) 按“确定”按钮，完成图块的定义。

(10) 按要求插入块

①单击“绘图”工具栏中的“插入块”按钮。

②在启动的“插入”对话框“名称”栏中，单击“下拉列表”按钮，选择前面的“WWB”块名。如

图 10－40 所示。

③在“插入点”和“旋转”选项区中，将“在屏幕上指定”复选框选中。如图 10－40 所示。

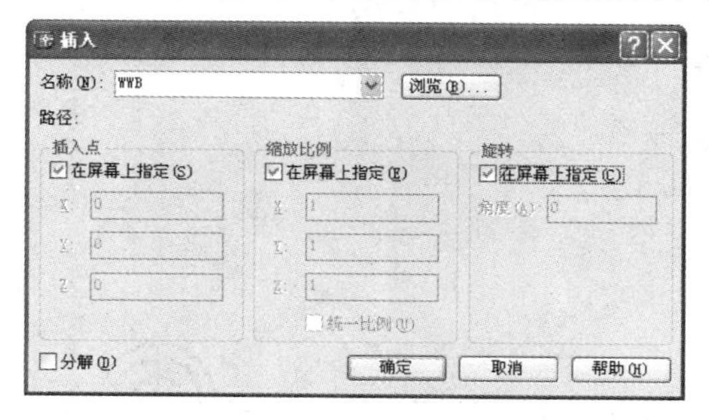

图 10－40 “插入”对话框

④单击“确定”，进入绘图区，捕捉被标注对象上合适的一点。最好采用“对象追踪”命令，这样捕捉的位置才更精确。

表面粗糙度标注的结果，将主视图旋转 90°放置。如图 10－41。

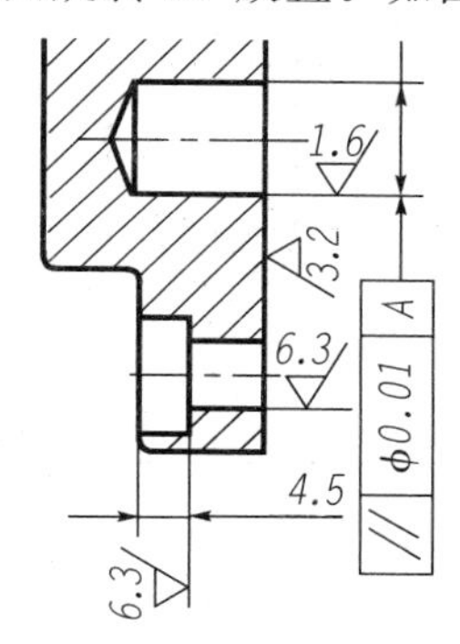

图 10－41 标注表面粗糙度

目标四 文字注释和填写标题栏

在工程绘图中，技术要求和填写标题栏是必不可少的。在图形中插入文字注释，可以用“单行文字”和“多行文字”两种方法。

这样，通过一系列操作，完成了整个图形的绘制。结果如图 10－42 所示。

本 章 小 结

本章介绍了二维图形的绘制过程。从图框、标题栏绘制以及样板文件的建立，到图形绘制、尺寸标注、文字标注以及特殊符号的标注，二维绘图实例都作了详细示范。读者只有多练才能掌握其精髓。

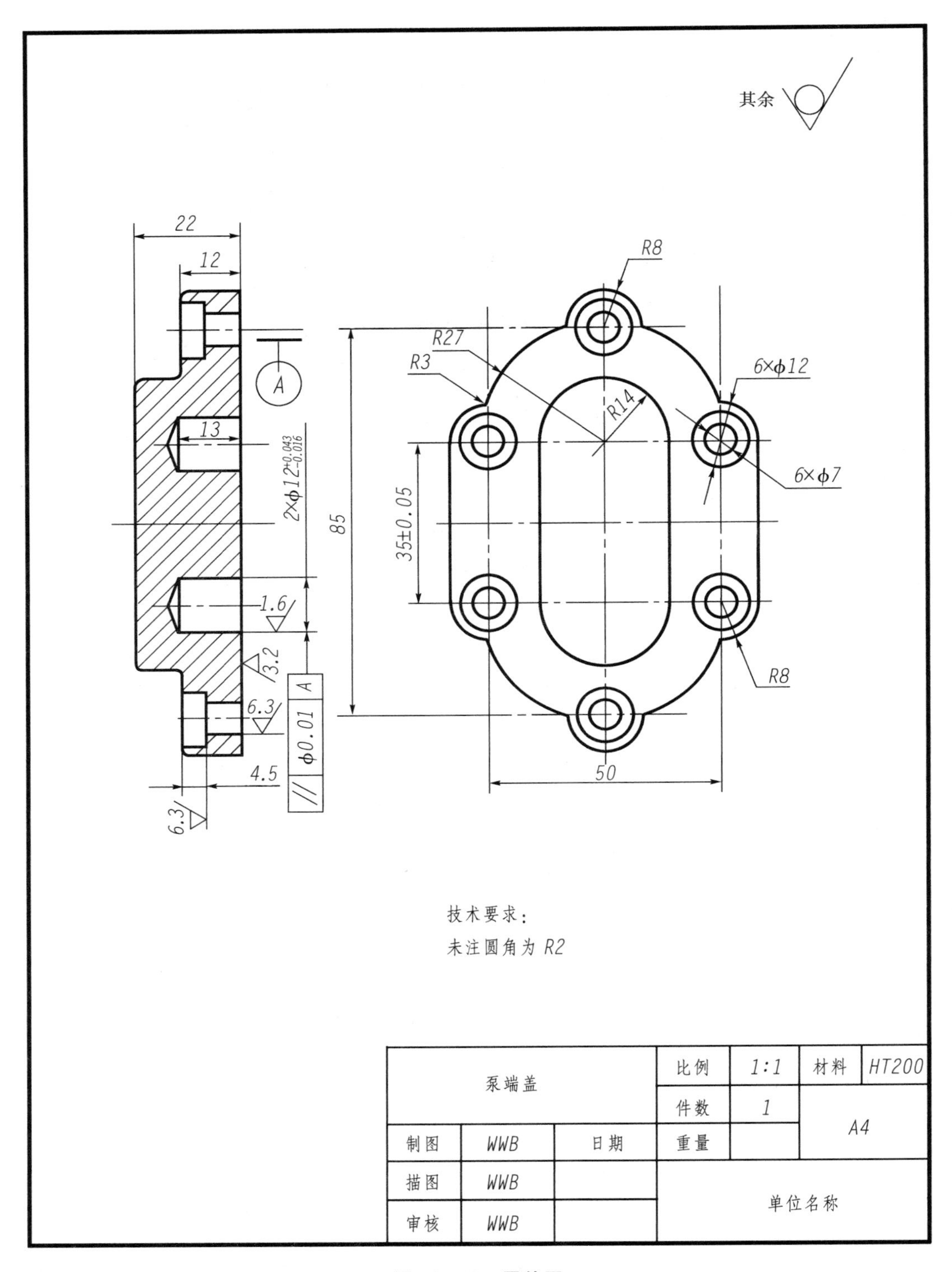

其余
22
12
13
A
2×ϕ12+0.043 -0.016
85
35±0.05
1.6
3.2
6.3
4.5
6.3
ϕ0.01 A
//
R8
R27
R3
R14
6×ϕ12
6×ϕ7
R8
50
技术要求：
未注圆角为 R2
泵端盖
比例
1:1
材料
HT200
件数
1
A4
制图
WWB
日期
重量
描图
WWB
审核
WWB
单位名称

图 10－42 零件图

第十一章　三维实体造型实例

本章学习目标：

★　掌握三维绘图的基础知识

★　掌握基本实体命令

★　掌握用拉伸法对实体进行造型

★　掌握用旋转法对实体进行造型

★　掌握布尔运算

目标一　建立三维坐标系

在前面的内容中已详细介绍了 AutoCAD 二维图形的绘制方法。在绘制二维图形的过程中，用户只要使用 AutoCAD 默认设置的世界坐标系统就已经足够了；但在三维绘图的过程中，由于图形视图的需要，常用的二维世界坐标系统就已经不能满足绘图需要，这就需要用户建立新的三维坐标系统。

在 AutoCAD 中，用户可以根据需要建立自己的坐标系统，即 UCS。使用 UCS 系统，用户可以绘制各个平面内的三维面、三维实体，从而组合成立体图形。“UCS”工具栏如图 11－1 所示。

图 11－1　“UCS”对话框

用户可以使用以下方式建立 UCS：

(1)在命令提示行中键入“UCS”键，并回车。

(2)单击“UCS”工具栏上的按钮。

启动“UCS”命令后，命令栏提示：

命令：ucs

当前 UCS 名称：*世界*

输入选项

[新建(N)/移动(M)/正交(G)/上一个(P)/恢复(R)/保存(S)/删除(D)/应用(A)/？/世

界(W)]

<世界>:

此时用户对需要建立的坐标系进行设置。

(1)"新建"选项:表示创建新的用户坐标系,用户在上述命令提示中键入"N"键 AutoCAD 会继续提示:

指定新 UCS 的原点或[Z 轴(ZA)/三点(3)/对象(OB)/面(F)/视图(V)/X/Y/Z]<0,0,0>:

在此命令提示行下,用户可以根据需要选择不同的创建方法。

①指定新的 UCS 的原点:用户可在此时选择一个新的坐标原点,AutoCAD 将移动当前 UCS 的原点到新选定的坐标原点,保持其 X、Y 和 Z 轴方向不变,从而定义新的 UCS 系统。

②Z 轴:表示重新选定 Z 轴正方向新建坐标系统。键入"ZA"键,命令提示到:

指定新原点 <0,0,0>:

指定新原点后,命令继续提示到:

在正 Z 轴范围上指定点 <当前点坐标>:

用户在此时可以选择位于新建 Z 轴正方向上的点,从而确定 Z 轴的方向。图 11-2 为原来的坐标系统,图 11-3 为改变原有的 Z 轴方向新建的坐标系统。

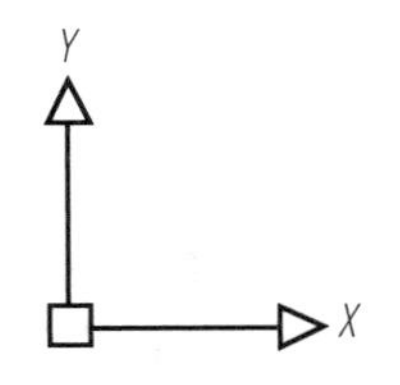

图 11-2 原来坐标系

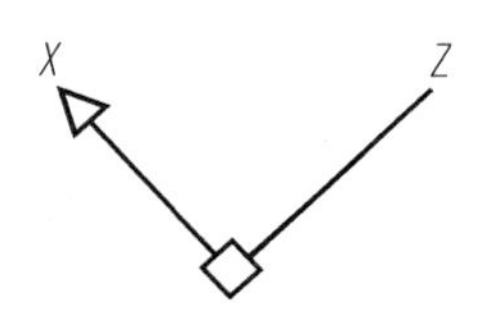

图 11-3 改变 Z 轴方向后的坐标系

③三点:表示指定新 UCS 原点及其 X 和 Y 轴的正方向。Z 轴方向由右手法则确定,键入"3",命令提示到:

指定新原点 <0,0,0>:

此时,AutoCAD 需要用户指定新原点。指定新原点后,命令提示到:

在正 X 轴范围上指定点 <当前点坐标>:

此时,AutoCAD 需要用户指定第二点。第二点定义了 X 轴的正方向,然后命令提示到:

在 UCS XY 平面的正 Y 轴范围上指定点<当前点坐标>:

此时,AutoCAD 需要用户指定第三点。第三点定义了 Y 轴的正方向,然后 Z 轴的正方向可以通过右手法则来确定,从而由该三点即可创建一个新的 UCS 系统。

④对象:表示根据选定三维对象定义新的坐标系,键入"OB"键,命令提示到:

选择对齐 UCS 的对象:

用户在此命令提示下选择用于新建 UCS 的图形实体,被选择的实体和新建的坐标系统有相同的 Z 轴方向。原点和 X 轴正方向的确定方法略,确定了 X、Z 方向后,Y 轴方向由右手法则确定。

⑤面:表示利用三维实体表面建立 UCS,键入"F"键,命令提示到:

选择实体对象的面:

选择图形实体后,命令继续提示到:

输入选项[下一个(N)/X 轴反向(X)/Y 轴反向(Y)] <接受>:

其中,“下一个”表示将 UCS 定位于邻接的面或选定边的后向面。“X 轴反向”表示将 UCS 绕 X 轴旋转 180°,“Y 轴反向”表示将 UCS 绕 Y 轴旋转 180°。“接受”按回车键表示接受该位置,否则将重新出现提示,直到接受位置为止。图 11－4 为利用实体表面创建坐标示例。

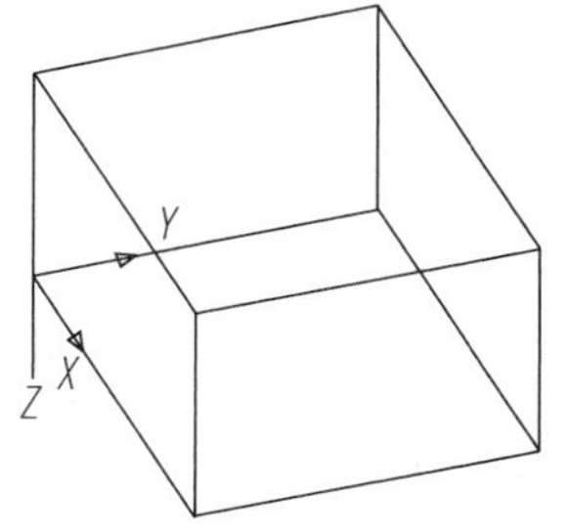

图 11－4　利用实体表面创建坐标

⑥视图:此选项表示新建坐标系统的 XY 面与当前视图平行,且 X 方向指向当前视图中的水平方向,原点位置不变。

⑦$X/Y/Z$:这三个选项表示将当前坐标系统分别绕 X、Y、Z 轴旋转一指定的角度。例如,“键入 X”键后命令提示为:

指定绕 X 轴的旋转角度 <0>:

用户输入一定角度数值后,AutoCAD 重新生成一新的坐标系统。其中逆时针旋转方向的角度为正,顺时针旋转方向的角度为负。

目标二　创建三维实体

用户可以通过“命令”启动“创建三维实体”命令,也可以使用“绘图/实体”菜单或“实体”工具栏启动“创建三维实体”命令。其中,“实体”工具栏如图 11－5 所示。

图 11－5　“实体”工具条

用户通过“实体”工具栏,不但可以创建实体,还可以对实体进行拉伸、旋转、切割等编辑。本节主要讲解基本三维实体的创建方法和使用拉伸、旋转二维图形的方式创建三维实体。

一、绘制基本立体

1. 长方体的绘制

用户可以使用以下方式启动“创建长方体”命令:

(1)在命令提示行中输入“box”,并回车。

(2)单击“实体”工具栏上的按钮。

(3)选择菜单“绘图/实体/长方体”。

命令提示行提示:

指定长方体的角点或 [中心点(CE)] <0,0,0>:

选择一个点作为长方体的角点,若需要指定长方体中心点,则键入“CE”,选定长方体的第一个角点后回车。命令提示行继续提示:

指定角点或[立方体(C)/长度(L)]:

用户在此提示下可以选择三种方式绘制长方体。指定第二角点，若需要绘制正方体，则键入“C”键；若需要指定长方体的长度，则键入“L”键。例如，键入“L”，命令提示行继续提示：

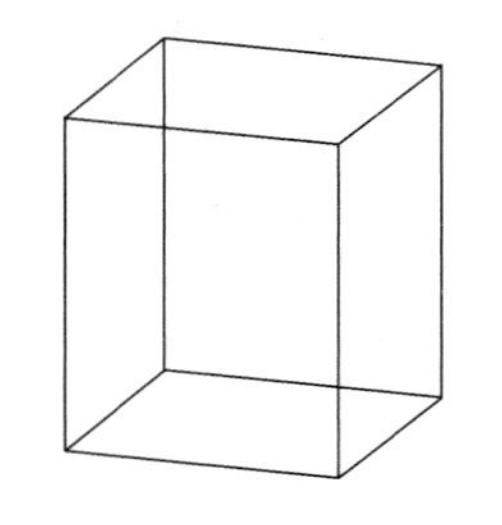

图 11-6 绘制长方体

指定长度：

指定宽度：

指定高度：

分别指定长方体的长、宽、高数值后即可结束绘制。长方体的长、宽、高数值分别平行于当前的 X、Y、Z 轴坐标。如图 11-6 所示。

2. 球体的绘制

(1)在命令提示行中输入“sphere”，并回车。

(2)单击“实体”工具栏上的按钮。

(3)选择菜单“绘图/实体/球体”。

命令：sphere

当前线框密度：ISOLINES=4

指定球体球心 ＜0,0,0＞：

指定球体半径或[直径(D)]:

如图 11-7 所示。

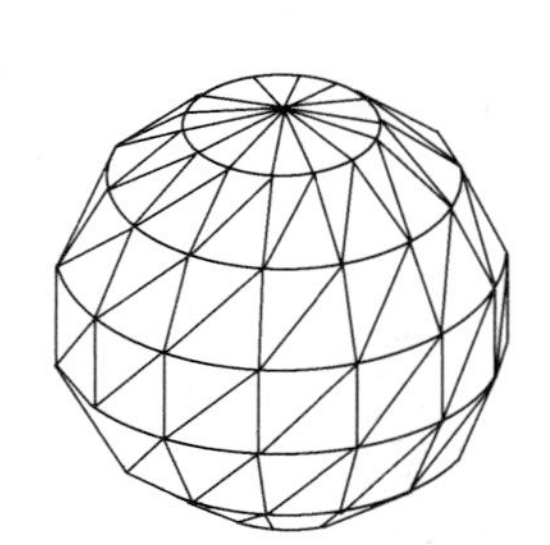

图 11-7 绘制球体

3. 圆柱体的绘制

(1)在命令提示行中输入“cylinder”，并回车。

(2)单击“实体”工具栏上的按钮。

(3)选择菜单“绘图/实体/圆柱体”。

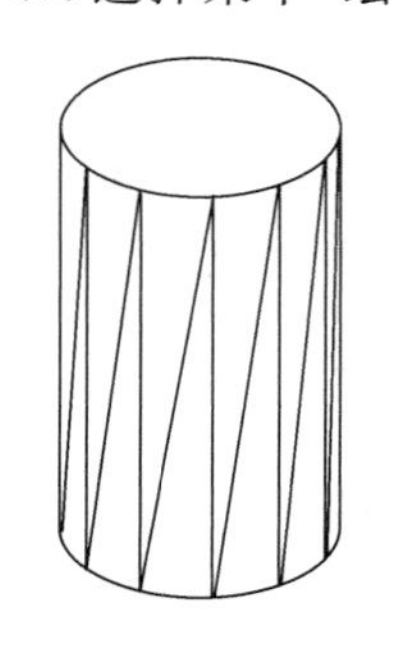

图 11-8 绘制圆柱体

命令：cylinder

当前线框密度：ISOLINES=4

指定圆柱体底面的中心点或[椭圆(E)]＜0,0,0＞：

指定圆柱体底面的半径或[直径(D)]:

指定圆柱体的高度[另一个圆心(C)]：指定第二点：

如图 11-8 所示。

在确定圆柱体的高度时，若输入正值，则圆柱沿当前 UCS 的 Z 轴正方向绘制；若输入的是负值，则沿 Z 轴的负方向绘制圆柱体。若使用指定圆心的方式，则指定圆柱体另一端圆心的同时也指定了圆柱体的 Z 方向。

4. 圆锥体的绘制

(1)在命令提示行中输入“cone”，并回车。

(2)单击“实体”工具栏上的按钮。

(3)选择菜单“绘图/实体/圆锥体”。

命令:cone
当前线框密度：ISOLINES=4
指定圆锥体底面的中心点或［椭圆(E)］＜0,0,0＞：
指定圆锥体底面的半径或［直径(D)］：
指定圆锥体的高度[顶点(A)]：指定第二点：
如图 11-9 所示。

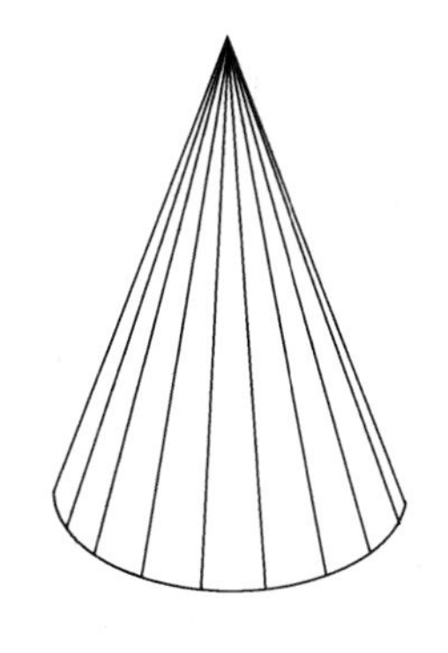

图 11-9　绘制圆锥体

5. 楔体的绘制

(1)在命令提示行中输入“wedge”,并回车。

(2)单击“实体”工具栏上的按钮。

(3)选择菜单“绘图/实体/楔形体”。

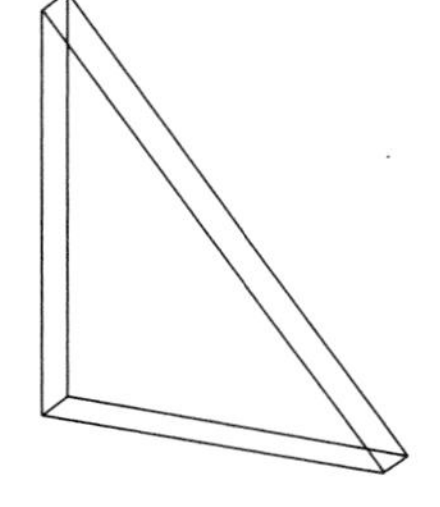

图 11-10　绘制楔体

命令:wedge
指定楔体的第一个角点或［中心点(CE)］＜0,0,0＞：
指定角点或［立方体(C)/长度(L)］：
指定高度:指定第二点：
如图 11-10 所示。

使用 Wedge 命令创建的楔体,其长、宽、高分别与 3 个坐标轴平行,必须使用其他编辑命令才能改变其位置。

6. 圆环体的绘制

(1)在命令提示行中输入“torus”,并回车。

(2)单击“实体”工具栏上的按钮。

(3)选择菜单“绘图/实体/圆环体”。

命令:torus
当前线框密度：ISOLINES=4
指定圆环体中心 ＜0,0,0＞：
指定圆环体半径或［直径(D)］：
指定圆管半径或［直径(D)］：指定第二点：
如图 11-11 所示。

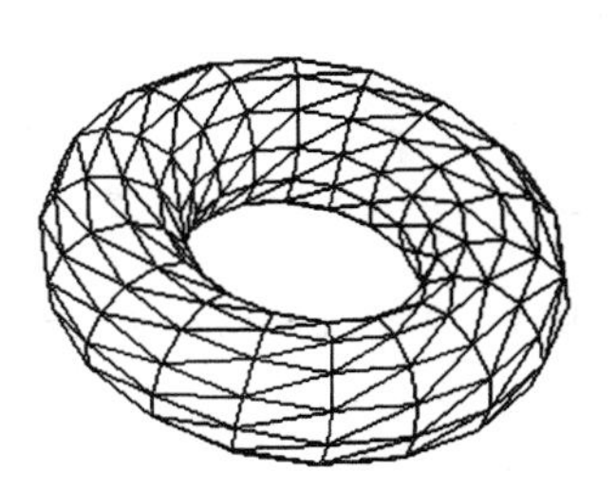

图 11-11　绘制圆环体

二、采用拉伸法完成下面视图的三维造型

如图 11－12。

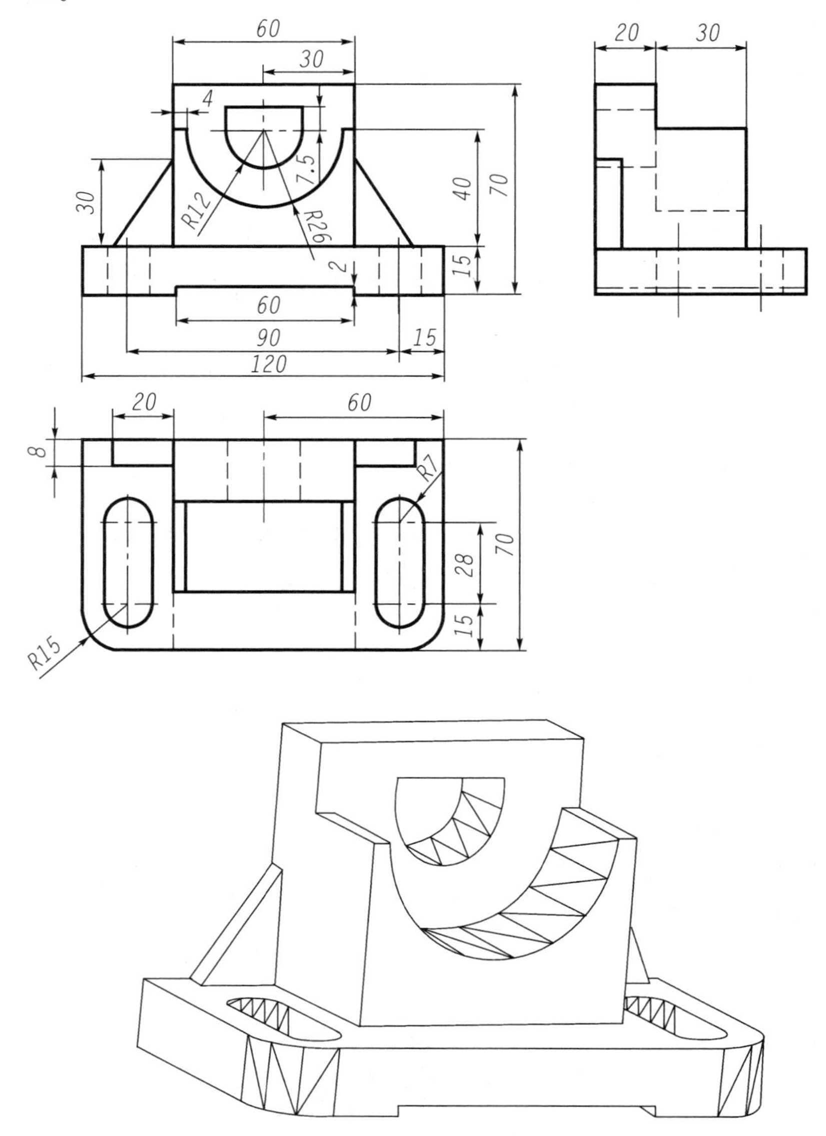

图 11－12　三视图和轴测图

1. 底座建模

(1)分析形体特征,将当前坐标系设置为俯视图。

(2)用“矩形”命令绘制长方形,并对其进行圆角。如图 11－13 所示。

(3)在长方形中绘制两个孔。如图 11－14 所示。

(4)将图 11－14 创建成三个面域。利用“面域”命令完成。

命令:region

选择对象：指定对角点：(找到 14 个)
选择对象：
已提取 3 个环。
已创建 3 个面域。

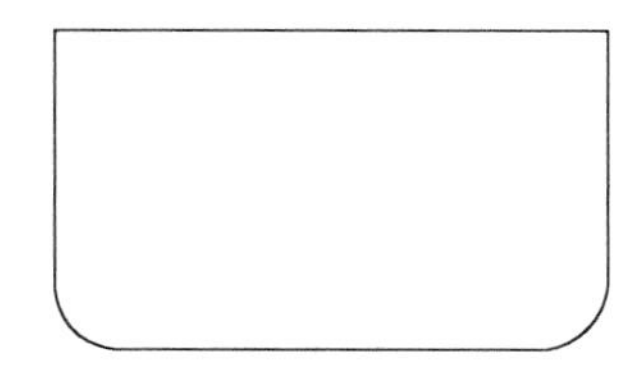
图 11-13　绘制底板轮廓

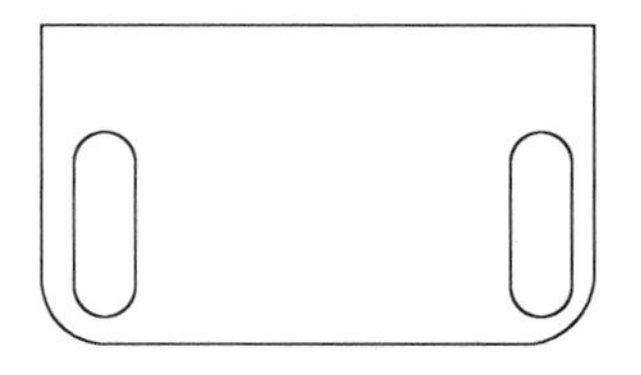
图 11-14　绘制底板上的孔

(5)利用"拉伸"命令生成底板。如图 11-15 所示。
命令：extrude
当前线框密度：ISOLINES=4
选择对象：指定对角点：(找到 3 个)
选择对象：
指定拉伸高度或[路径(P)]：15
指定拉伸的倾斜角度 <0>：
(6)利用布尔运算中的"差集"命令将底板中的孔打通。如图 11-16 所示。
命令：subtract　选择要从中减去的实体或面域
选择对象：(找到 1 个)
选择对象：
选择要减去的实体或面域：
选择对象：(找到 1 个)
选择对象：(找到 1 个，总计 2 个)

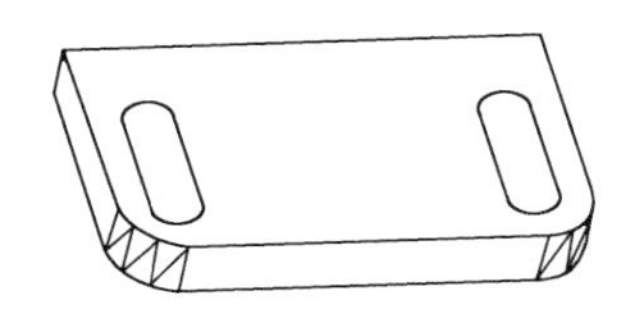
图 11-15　拉伸实体

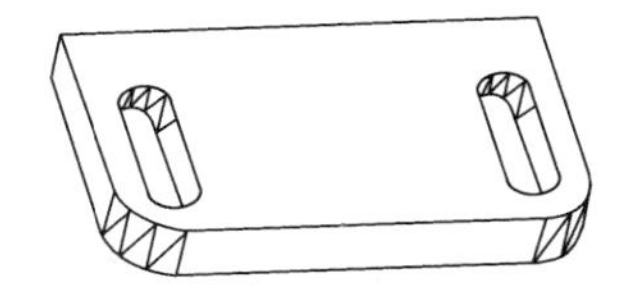
图 11-16　打通孔

(7)将底板沿着后面的边旋转-90°。
(8)利用布尔运算中的"差集"命令将底板下面的槽打通。如图 11-18。
① 先做一块底槽的模型，并将其创建成一个面域，然后拉伸 70。如图 11-17。
② 采用"三维对齐"命令将底槽插入到底板中。
命令：align
选择对象：(找到 1 个)
选择对象：
指定第一个源点：

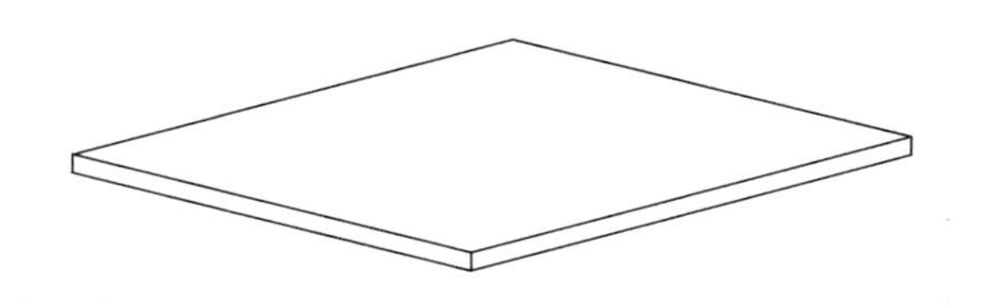

图 11-17 绘制长方体

指定第一个目标点：
指定第二个源点：
③ 采用“差集”命令将底槽从底板中剪去。
命令：subtract 选择要从中减去的实体或面域
选择对象：(找到 1 个)
选择对象：
选择要减去的实体或面域：
选择对象：(找到 1 个)

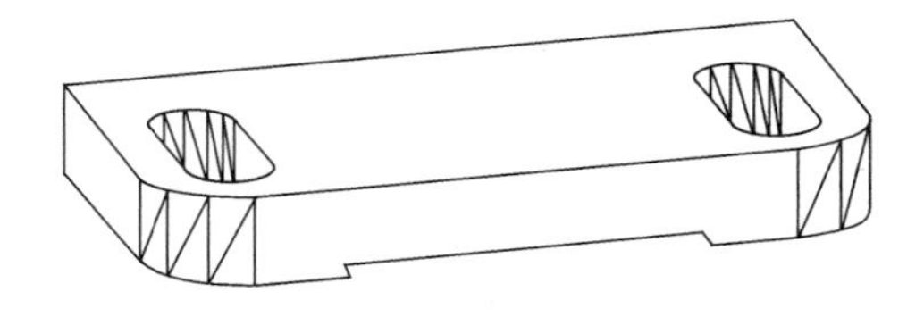

图 11-18 打通底板的槽

2. 上部结构建模
(1)绘制后背板图形。如图 11-19。
(2)将图 11-19 创建成一个面域，并将其长度拉伸为 20。如图 11-20。

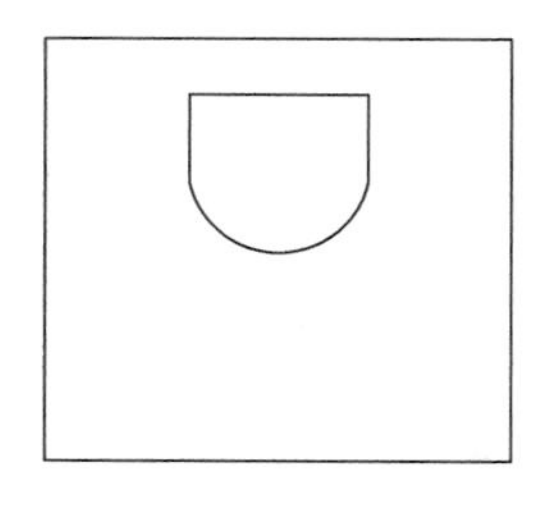

图 11-19 绘制后背板端面形状

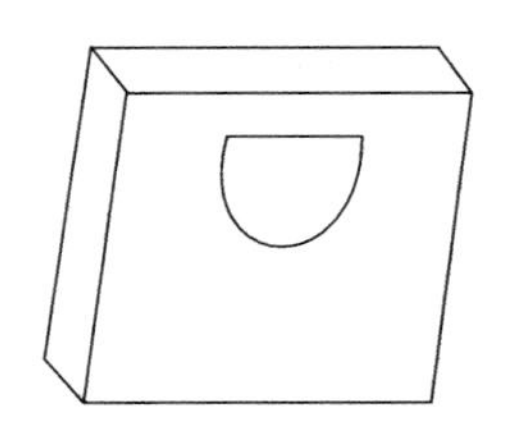

图 11-20 拉伸后背板

(3)利用“差集”命令剪去后背板中的槽。如图 11-21。
(4)绘制前面板。如图 11-22。
(5)将图 11-22 创建成一个面域，并将其长度拉伸为 30。如图 11-23。
(6)利用“并集”命令将前面板和后背板合并在一起。如图 11-24。
① 利用“三维对齐”命令将前面板和后背板合并在一起。
命令：align
选择对象：(找到 1 个)
选择对象：

指定第一个源点：捕捉前面板的底面后边中点
指定第一个目标点：
指定第二个源点：捕捉后背板的底面前边中点
② 利用“并集”命令将前面板和后背板合并成一个整体。
命令：union
选择对象：（找到 1 个）
选择对象：（找到 1 个，总计 2 个）
选择对象：

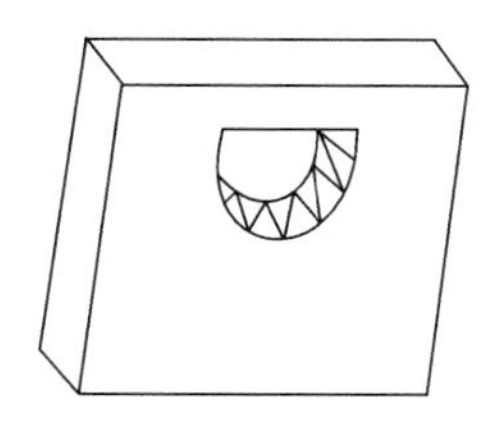

图 11－21　打通后背板的孔

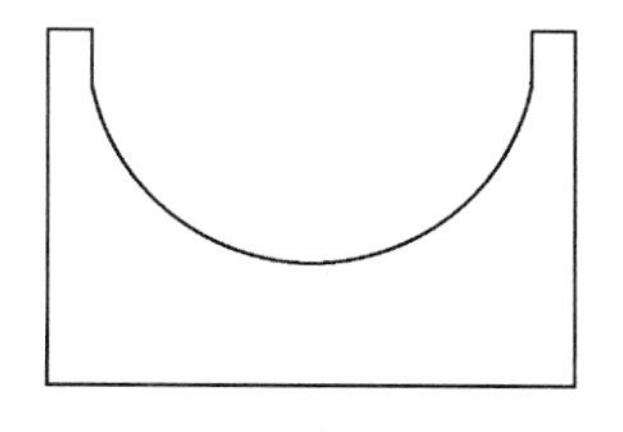

图 11－22　绘制前面板的端面形状

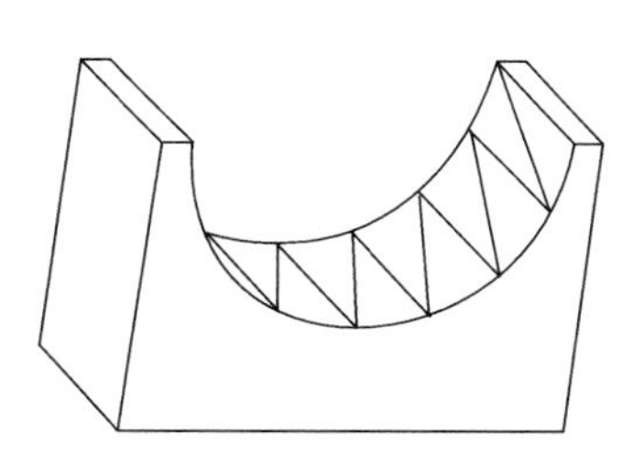

图 11－23　拉伸前面板

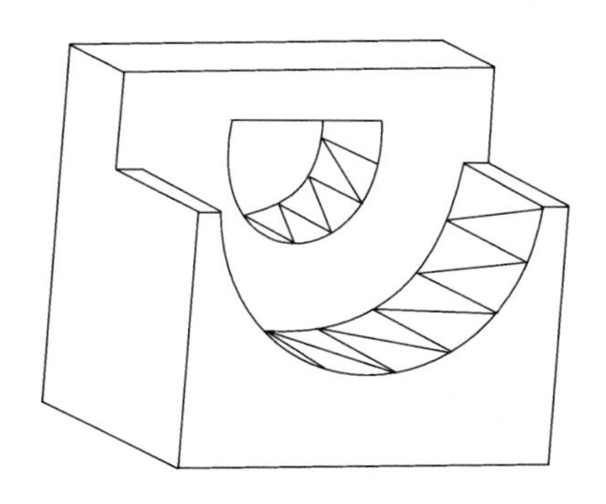

图 11－24　合并后背板和前面板

3. 将底板和上面板合并在一起

如图 11－25。

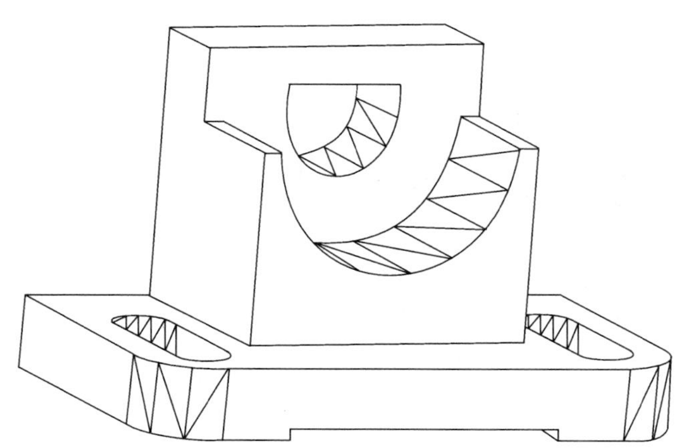

图 11－25　将底板和上面板合并在一起

4. 肋的建模

(1)绘制肋的截面形状。如图 11-26。

(2)将图 11-26 创建 成 1 个面域,并将其长度拉伸为 8。如图 11-27。

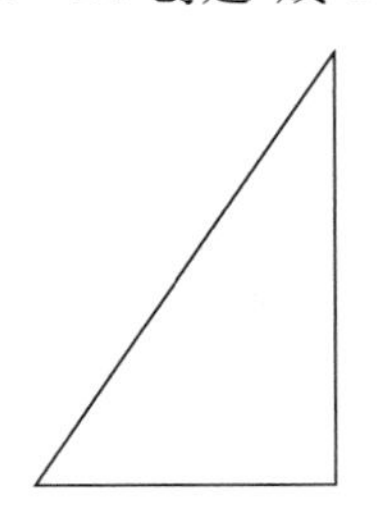

图 11-26　绘制肋的形状

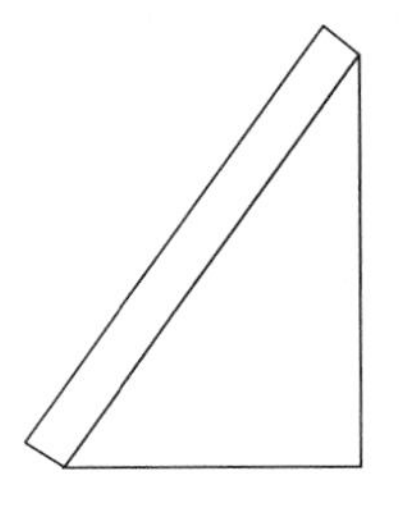

图 11-27　拉伸肋

5. 将左右两个肋对齐到底板上,并合并在一起

如图 11-28。

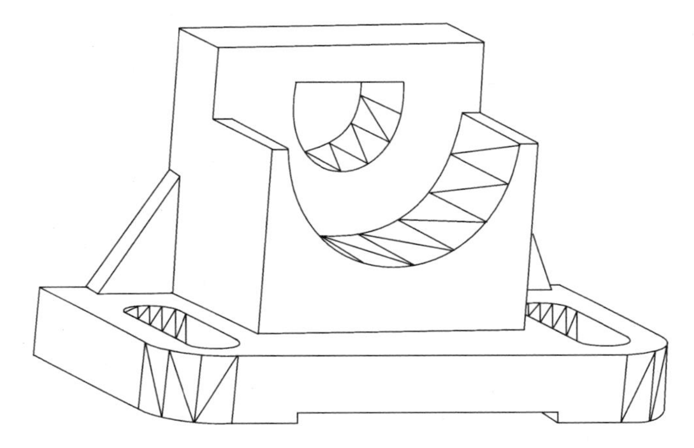

图 11-28　将所有物体合并在一起

三、采用旋转法完成下面图形的造型

如图 11-29。

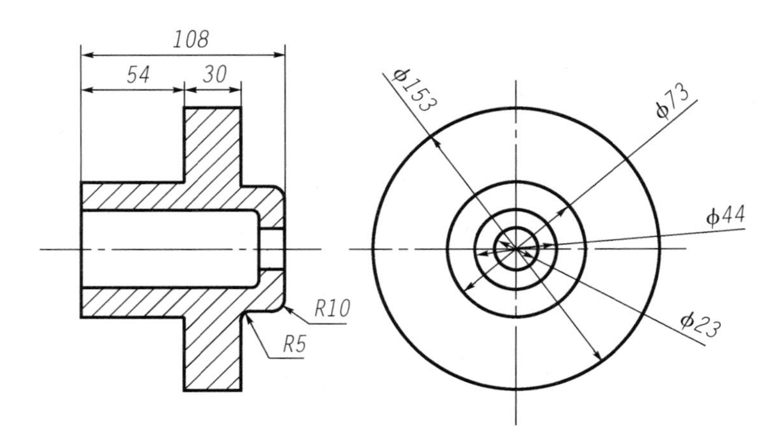

图 11-29　端盖视图

（1）绘制图 11－29 主视图中的上半部分图形。如图 11－30。

（2）将图 11－30 创建成一个面域。

命令：region

选择对象：指定对角点：（找到 17 个）

选择对象：

已提取 1 个环。

已创建 1 个面域。

（3）采用“实体”工具栏中的“旋转”命令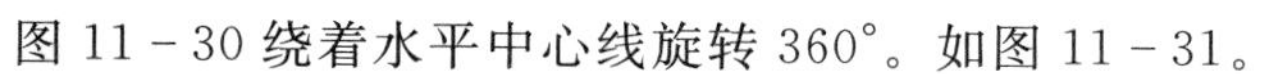，将图 11－30 绕着水平中心线旋转 360°。如图 11－31。

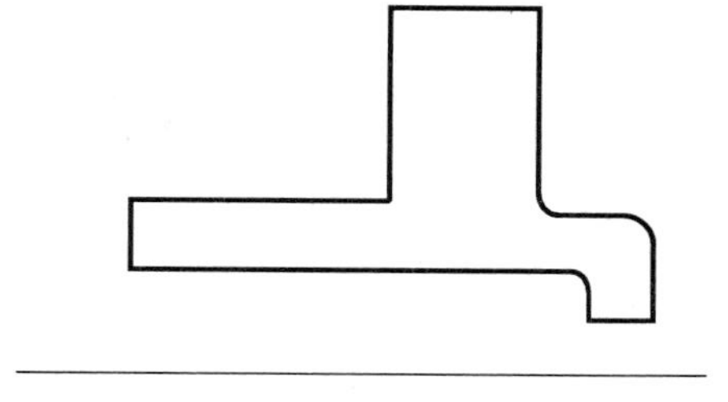

图 11－30　绘制上半部分图形

命令：revolve

当前线框密度：ISOLINES＝4

选择对象：（找到 1 个）

选择对象：指定旋转轴的起点或水平中心线的左端点

定义轴依照［对象(O)/X 轴(X)/Y 轴(Y)］：

指定轴端点：水平中心线的右端点

指定旋转角度 ＜360＞：

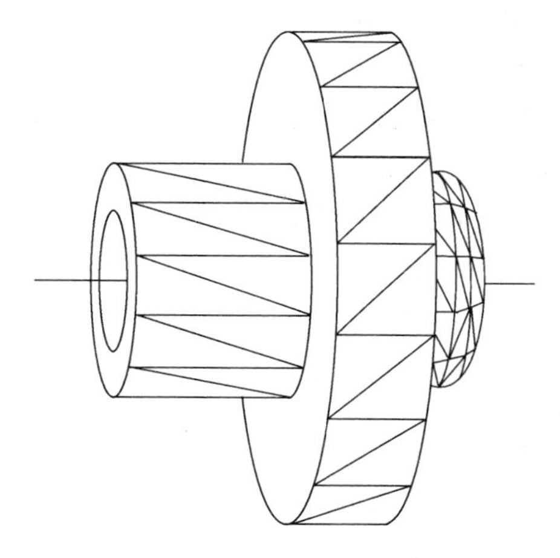

图 11－31　旋转成实体

本 章 小 结

本章介绍了三维实体的绘制过程，包括基本立体的绘制，采用旋转法和拉伸法来创建实体。读者只有多练才能掌握其绘图技巧。

下篇　上机练习

练习一　基本绘图练习

一、实验目的

(1) 掌握 AutoCAD 系统的启动与退出。
(2) 掌握 AutoCAD 的界面。
(3) 掌握“绘图”工具条中的“直线、圆、圆弧、圆环、多段线、矩形、多边形、椭圆”等命令。
(4) 掌握“修改”工具条中的“删除、修剪、复制、旋转、镜像、移动、阵列、偏移、打断”等命令。
(5) 掌握状态栏中的“正交、栅格、捕捉、极轴、对象捕捉”和“对象追踪”等。
(6) 图层的设置。

二、实验内容

绘制下列图例。

三、实验要求

按照给定的尺寸绘制，并建立不同的图层，有绘图步骤的按照给定的步骤绘制；没有步骤的读者可随意采用，但要注意绘图效率。

四、实验步骤

(1) 进入 AutoCAD 系统，进行新图设置。
(2) 设置绘图界限。
(3) 设置不同的图层。
(4) 调用相应的绘图命令。
(5) 命名存盘，退出系统。

按照以下步骤绘制五角星(如图 1-1)。

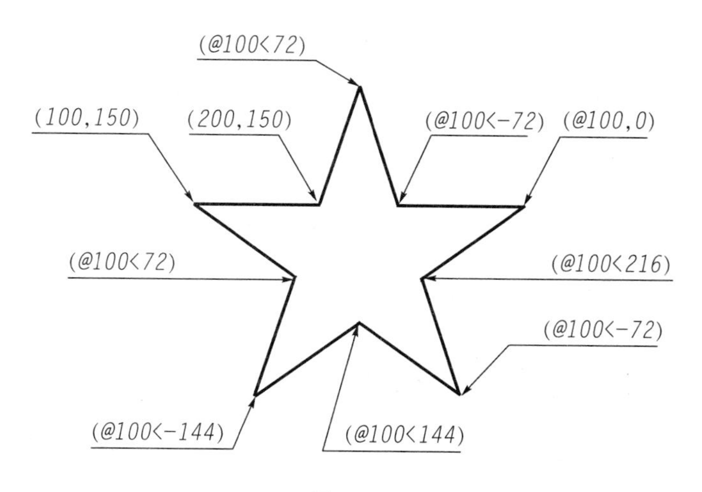

图 1-1

点击“绘图”工具栏中“直线”按钮 。

命令：line 指定第一点：100,150

指定下一点或［放弃(U)］：200,150

指定下一点或［放弃(U)］：@100<72

指定下一点或［闭合(C)/放弃(U)］：@100<−72

指定下一点或［闭合(C)/放弃(U)］：@100,0

指定下一点或［闭合(C)/放弃(U)］：@100<216

指定下一点或［闭合(C)/放弃(U)］：@100<−72

指定下一点或［闭合(C)/放弃(U)］：@100<144

指定下一点或［闭合(C)/放弃(U)］：@100<−144

指定下一点或［闭合(C)/放弃(U)］：@100<72

指定下一点或［闭合(C)/放弃(U)］：c↙

绘图步骤：

采用“方向＋距离”绘制。

点击“绘图”工具栏中“直线”按钮 。

命令：line 指定第一点：在屏幕任意点击一点

指定下一点或［放弃(U)］：30

指定下一点或［放弃(U)］：40

指定下一点或［闭合(C)/放弃(U)］：50

指定下一点或［闭合(C)/放弃(U)］：80

指定下一点或［闭合(C)/放弃(U)］：100

指定下一点或［闭合(C)/放弃(U)］：20

指定下一点或［闭合(C)/放弃(U)］：c↙

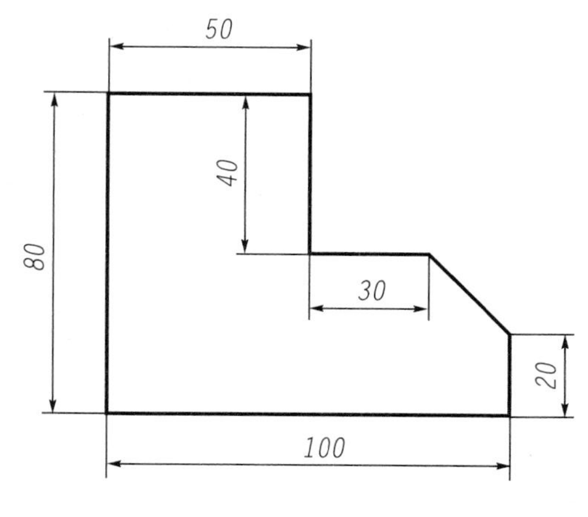

图 1-2

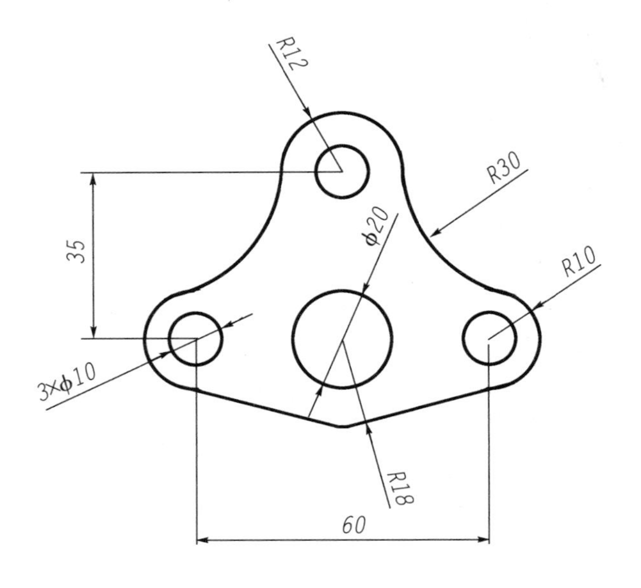

图 1－3

图 1－4

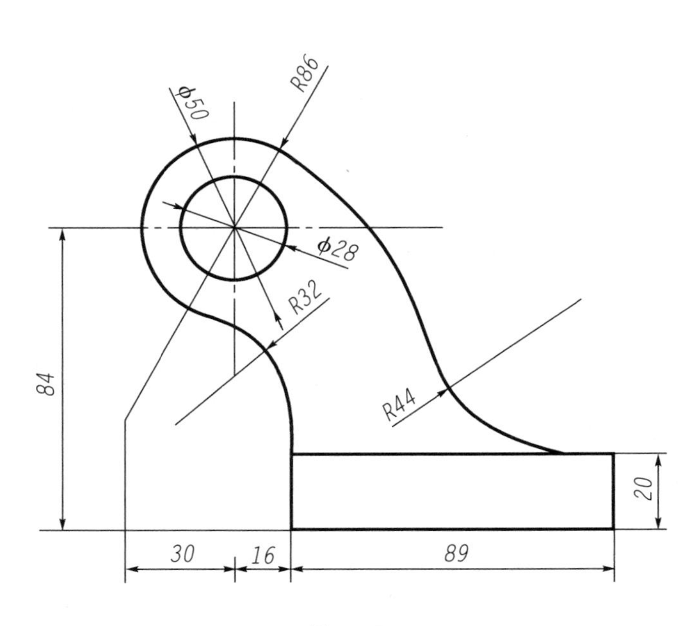

图 1－5

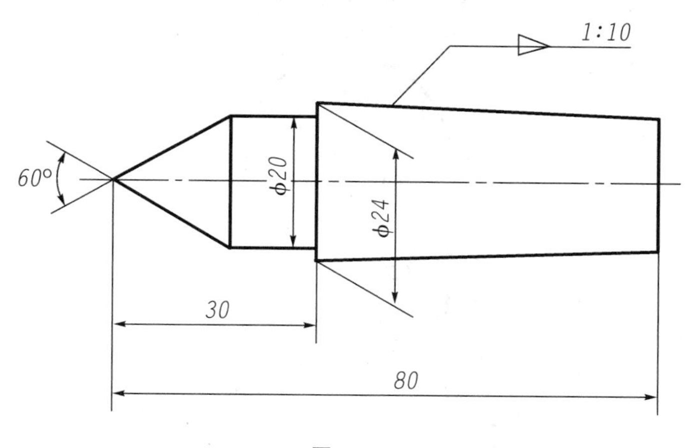

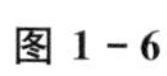

图 1－6

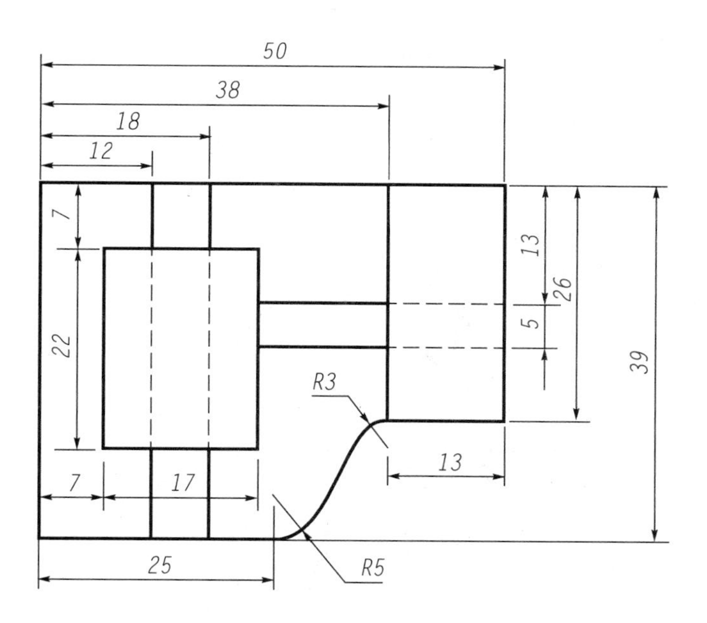

图 1－7

采用“直线、偏移、圆角”以及“修剪”命令来绘制练习 3，并且要掌握图层的设置。（具体的绘图步骤，读者根据学习讲解的知识自定）

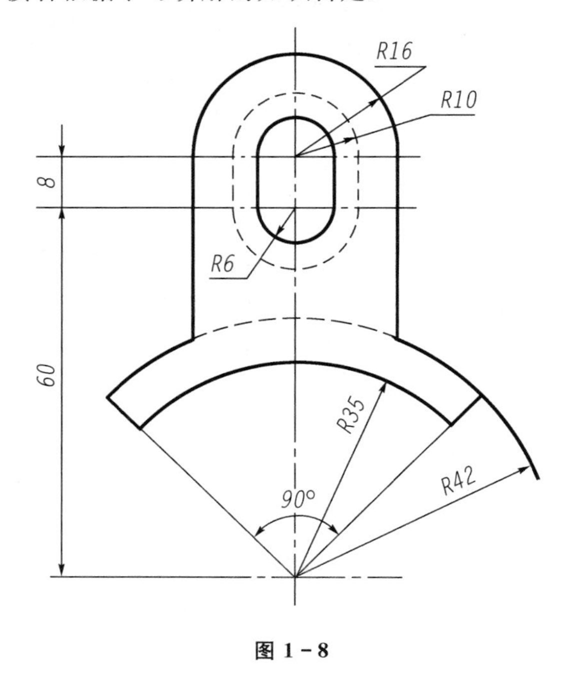

图 1－8

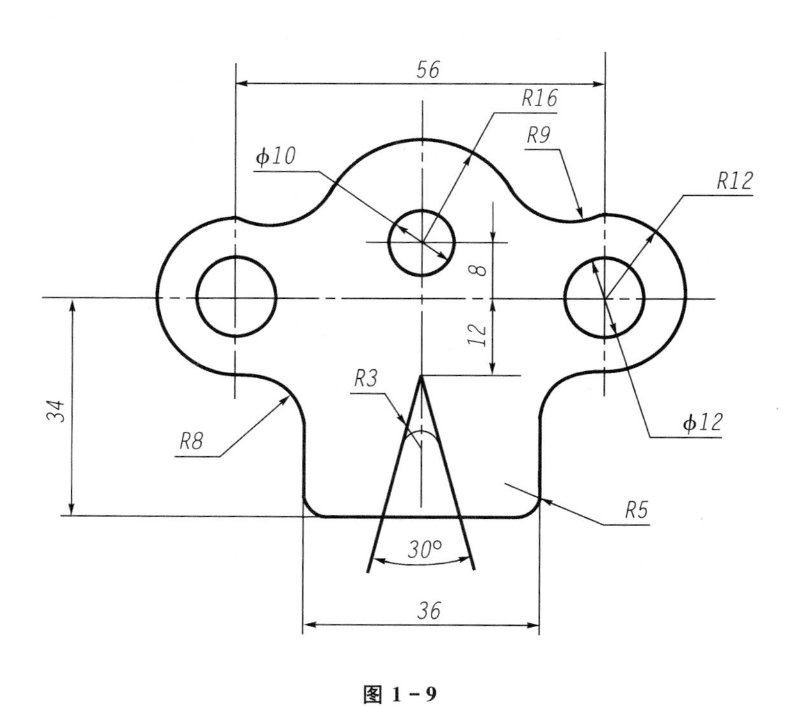

图 1－9

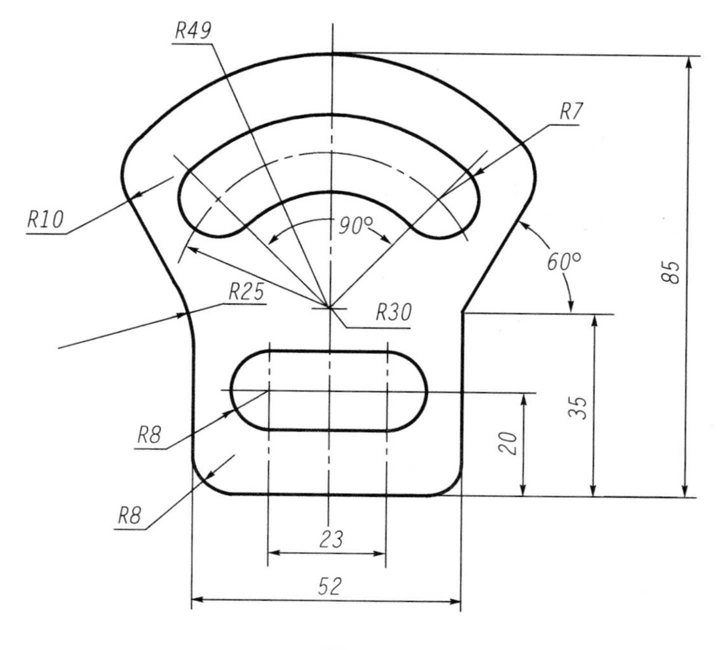
R49
R7
R10
90°
60°
85
R25
R30
35
R8
20
R8
23
52

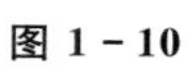

图 1－10

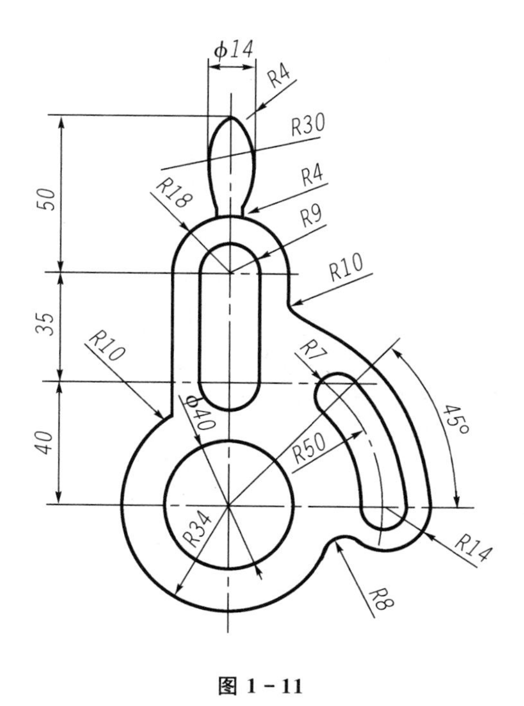
ϕ14
R4
R30
50
R18
R4
R9
R10
35
R10
R7
45°
ϕ40
40
R50
R34
R14
R8

图 1－11

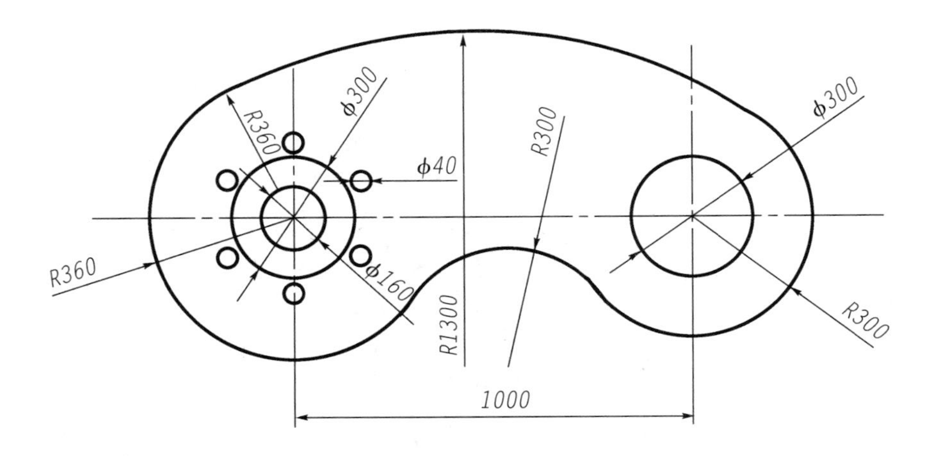

R360
ϕ300
ϕ40
R300
ϕ300
R360
ϕ160
R1300
R300
1000

图 1－12

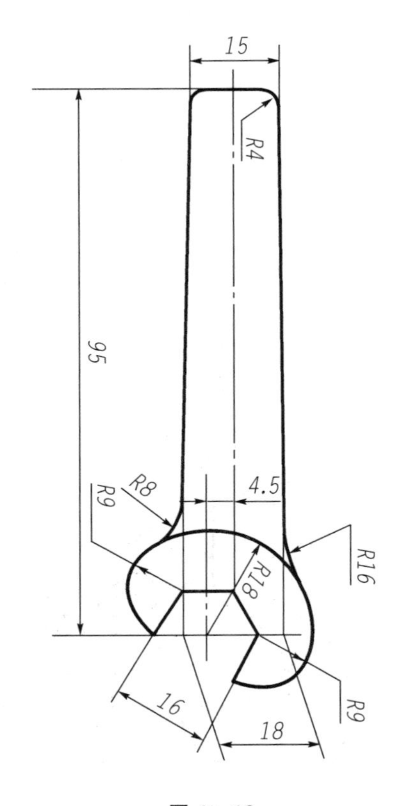

15
R4
95
R8
4.5
R9
R16
R18
R9
16
18

图 1－13

练习二　绘制视图

一、实验目的

(1) 进一步练习"图层"的设置。
(2) 进一步练习绘图命令和编辑命令。
(3) 掌握"对象捕捉"和"对象追踪"。
(4) 掌握视图的配置和绘图技巧。
(5) 掌握简单的线性标注。

二、实验内容

绘制以下图例。

三、实验步骤

1. 设置绘图环境
(1)设置图纸幅面 A3。
(2)设置单位的精度为 0。
(3)设置"对象捕捉、极轴追踪"和"对象追踪"。
(4)设置图层、颜色、线型及线宽。
(5)存入模板文件。
2. 调用相应的命令绘制下列视图
3. 命名存盘,退出系统
图形的尺寸自定,但是要保证三视图的投影规律。详细的绘图步骤由读者思考。

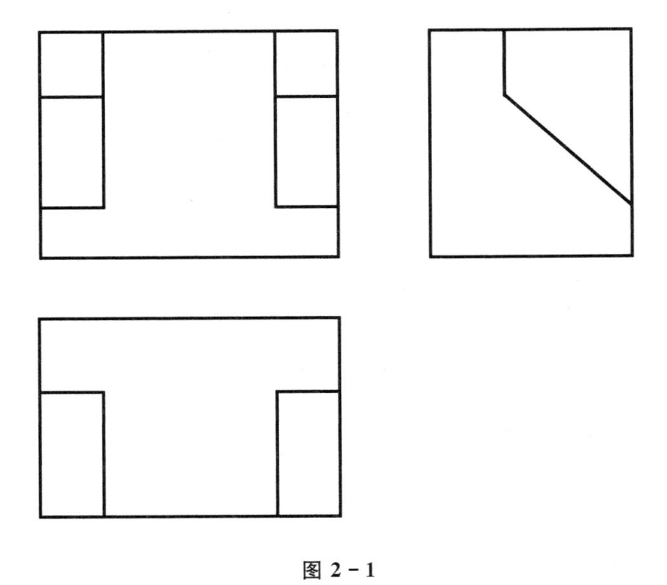

图 2－1

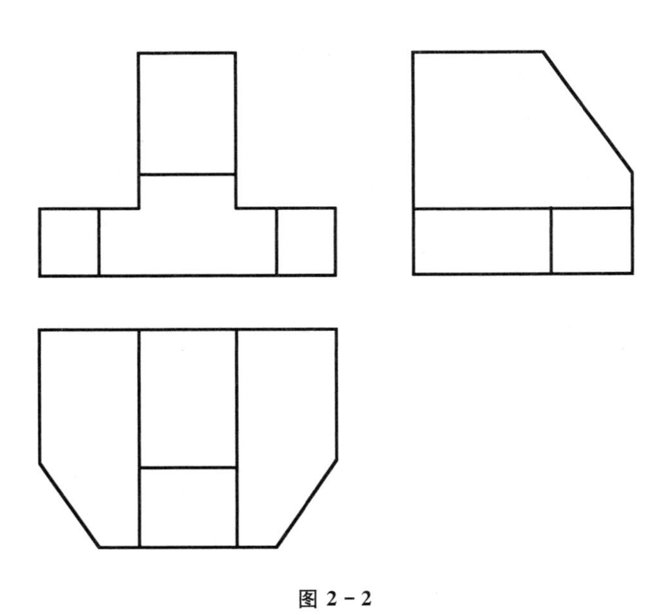

图 2－2

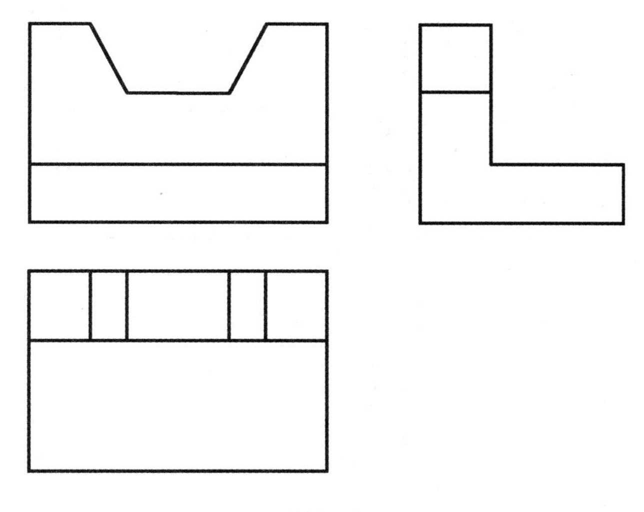

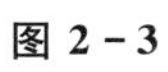

图 2-3

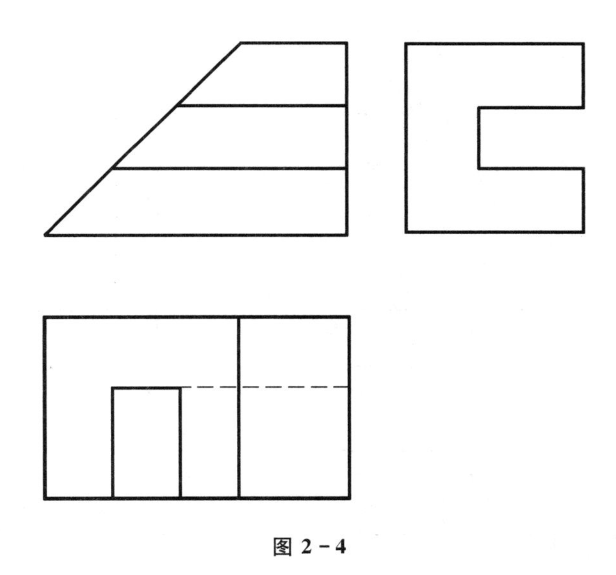

图 2-4

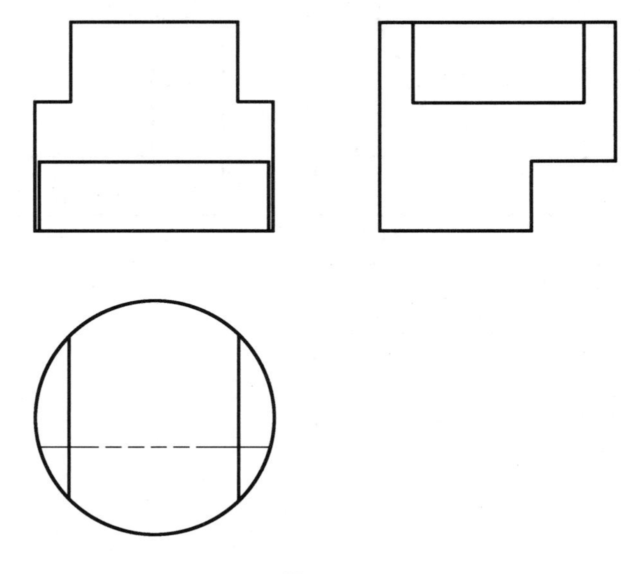

图 2－5

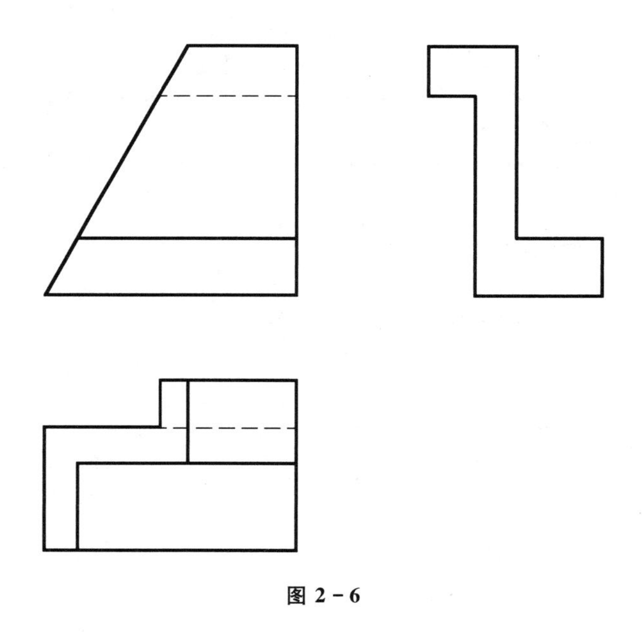

图 2－6

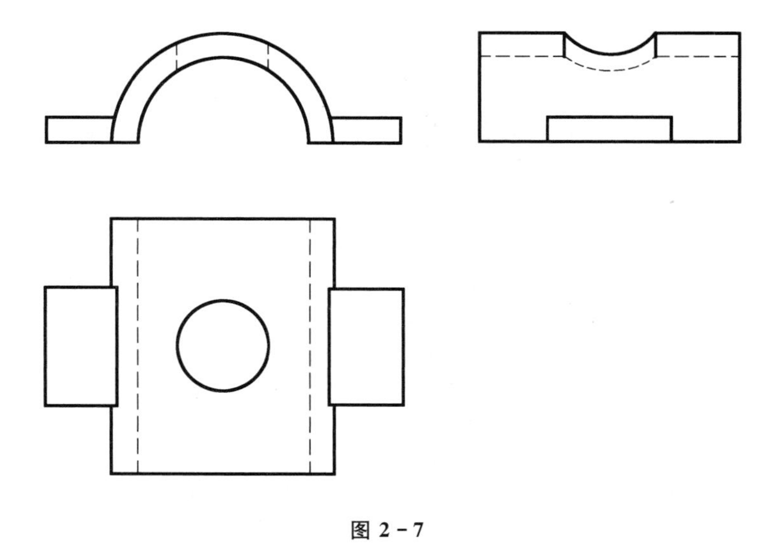

图 2－7

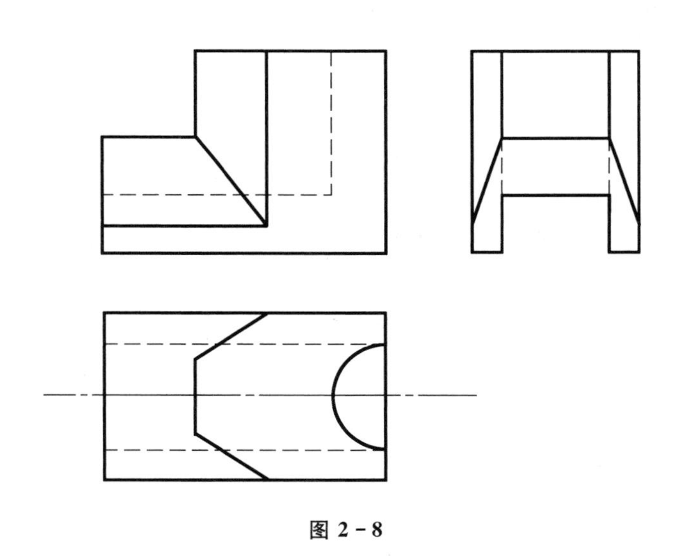

图 2－8

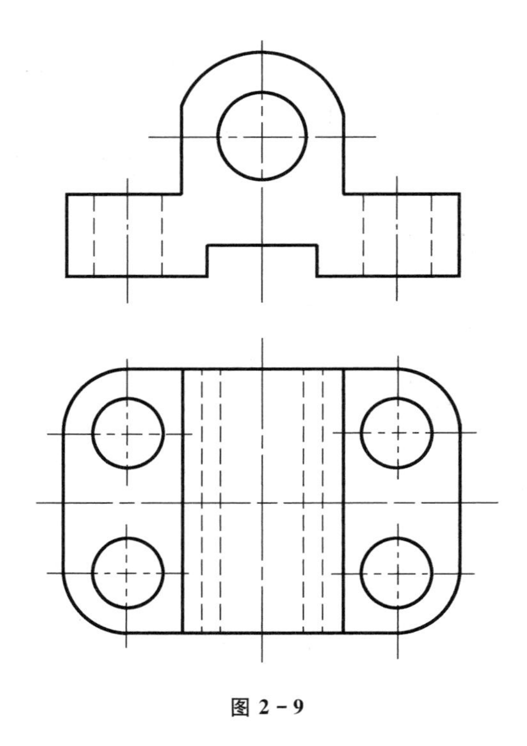

图 2-9

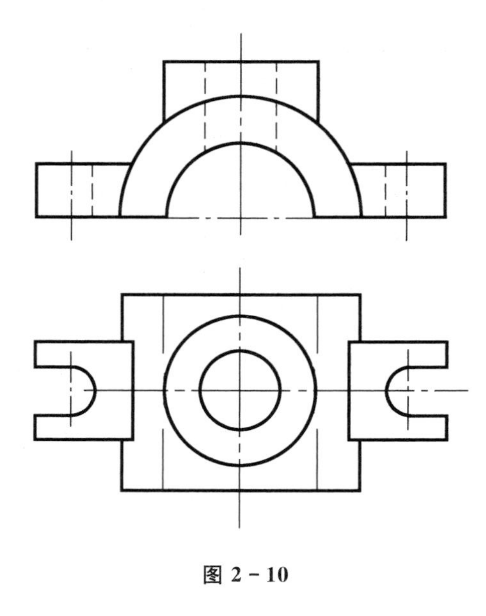

图 2-10

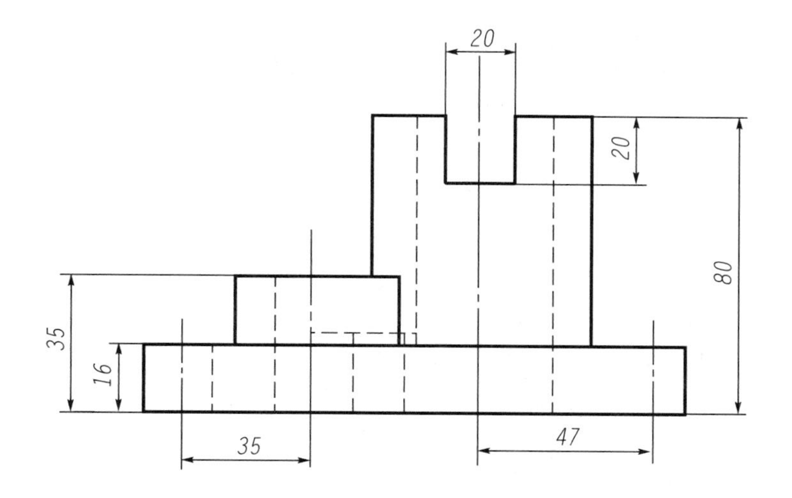

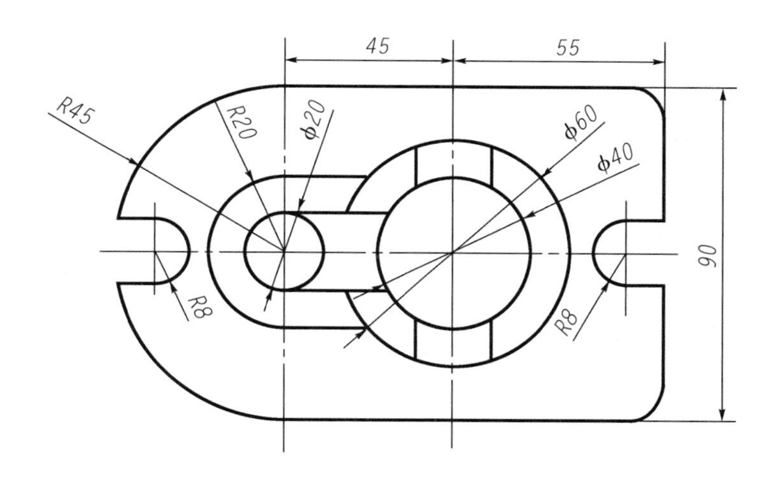

图 2－11

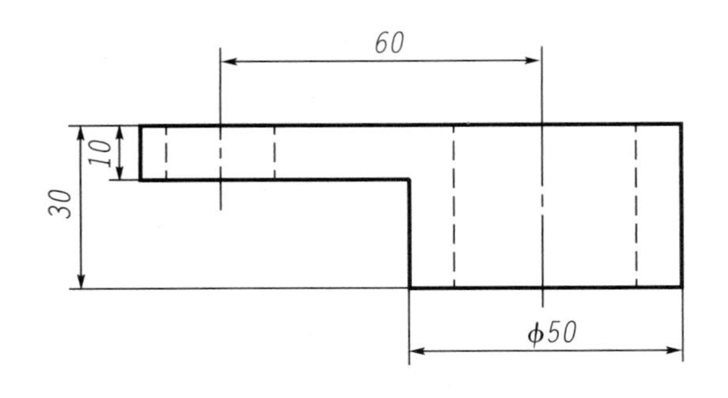

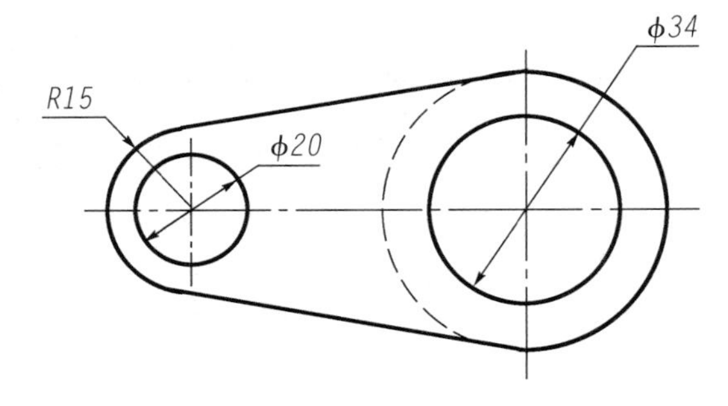

图 2－12

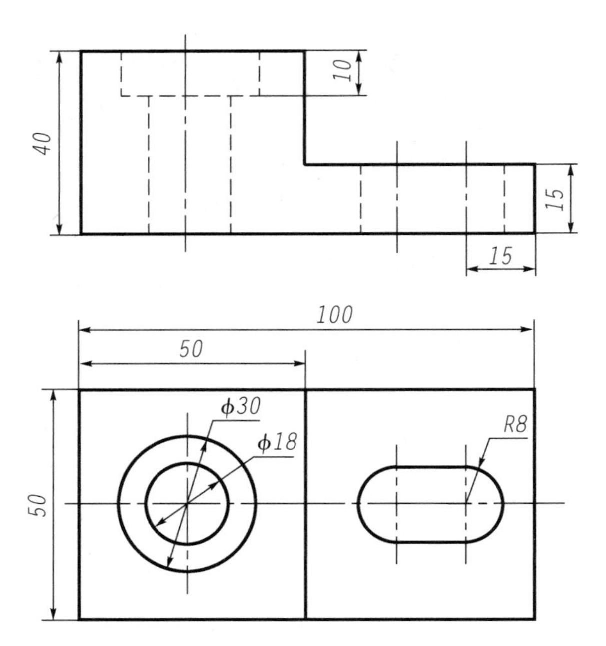

图 2－13

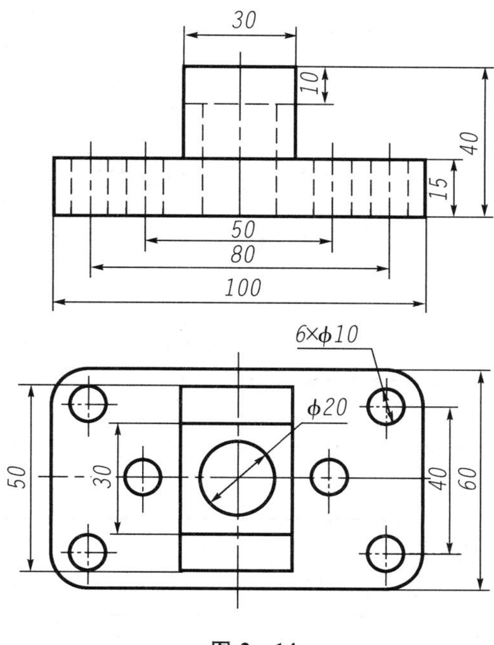
30
10
40
15
50
80
100
6×ϕ10
ϕ20
50
30
40
60

图 2－14

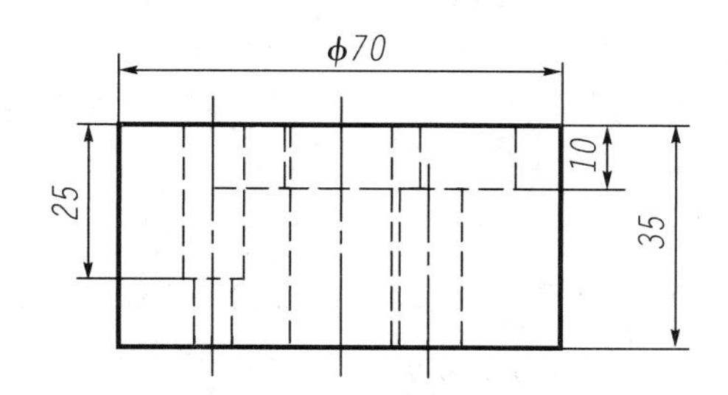
ϕ70
10
25
35

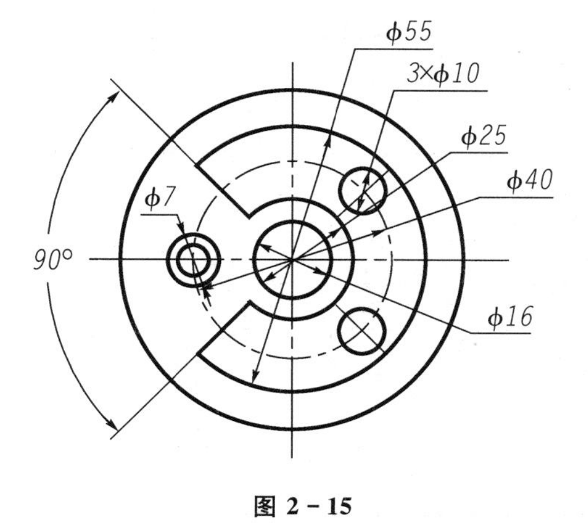
ϕ55
3×ϕ10
ϕ25
ϕ40
ϕ7
90°
ϕ16

图 2－15

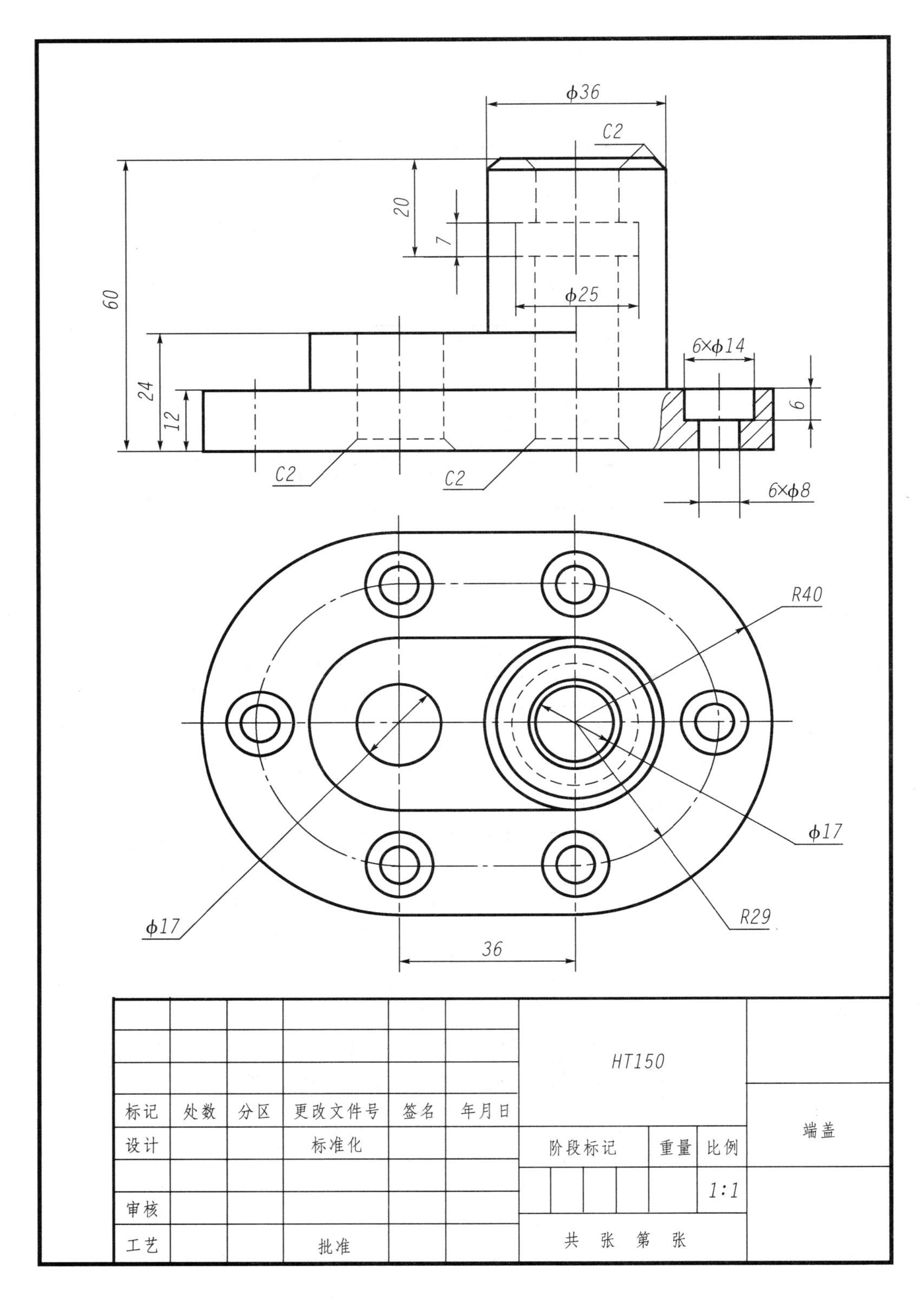

ϕ36
C2
20
7
60
ϕ25
24
12
6×ϕ14
6
C2
C2
6×ϕ8
R40
ϕ17
R29
ϕ17
36
HT150
标记
处数
分区
更改文件号
签名
年月日
设计
标准化
阶段标记
重量
比例
1:1
端盖
审核
工艺
批准
共 张 第 张

图 2－16

练习三　绘制剖视图

一、实验目的

（1）掌握“图案填充”命令。

（2）进一步掌握三视图的画法。

（3）掌握简单的线性标注。

二、实验内容

绘制下列图例。

三、实验步骤

（1）新建图层，绘制给定的三视图。

（2）将三视图中的主视图改成剖视图，将虚线改画成实线。

（3）调用“图案填充”对话框。

（4）选择剖面线，确定图线特性，选比例和角度。

（5）边界选择，选择图中的封闭区域。

（6）单击“进行”。

（7）命名存盘。

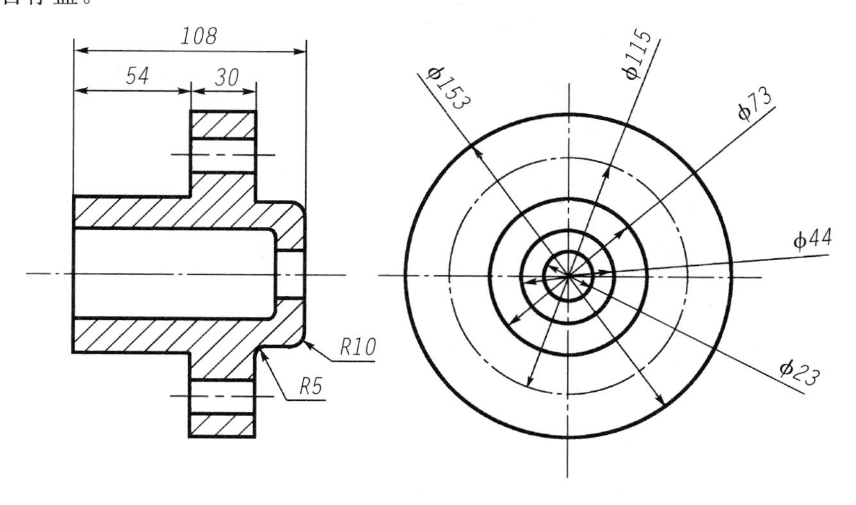

图 3－1

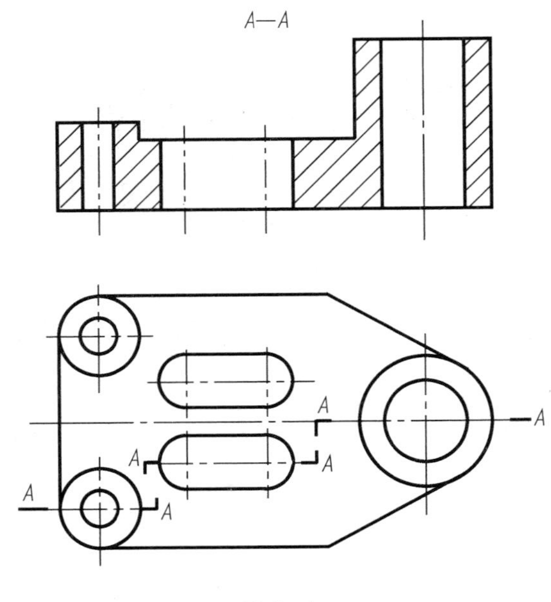

图 3-2

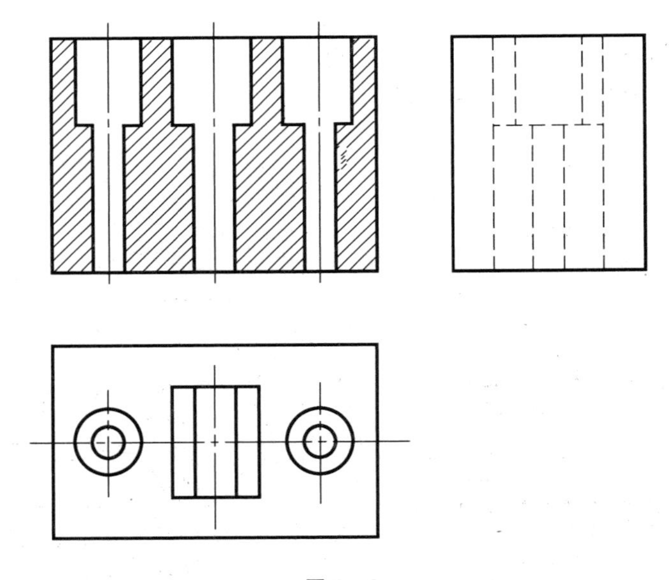

图 3-3

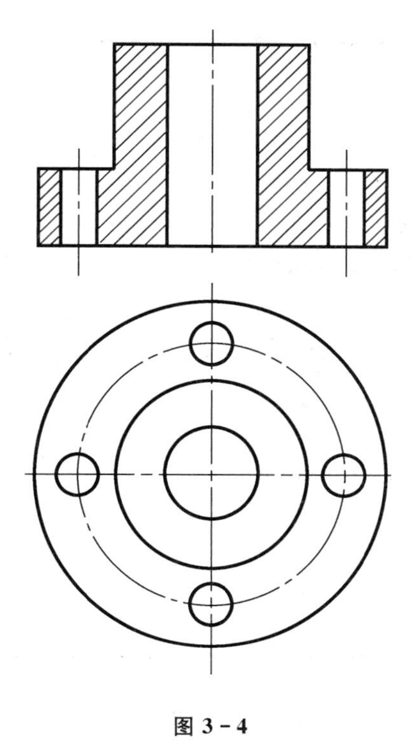

图 3-4

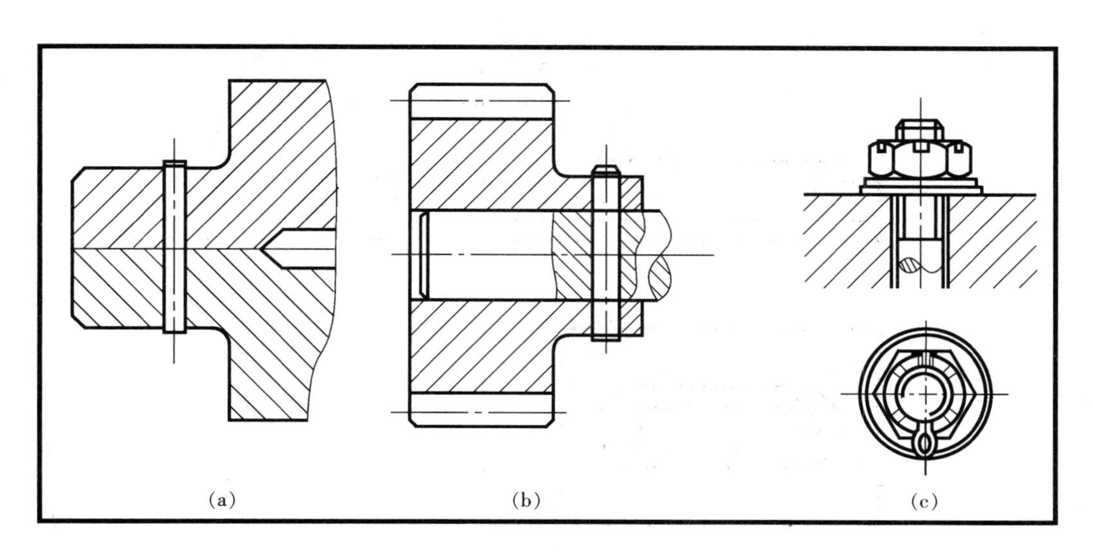

图 3-5

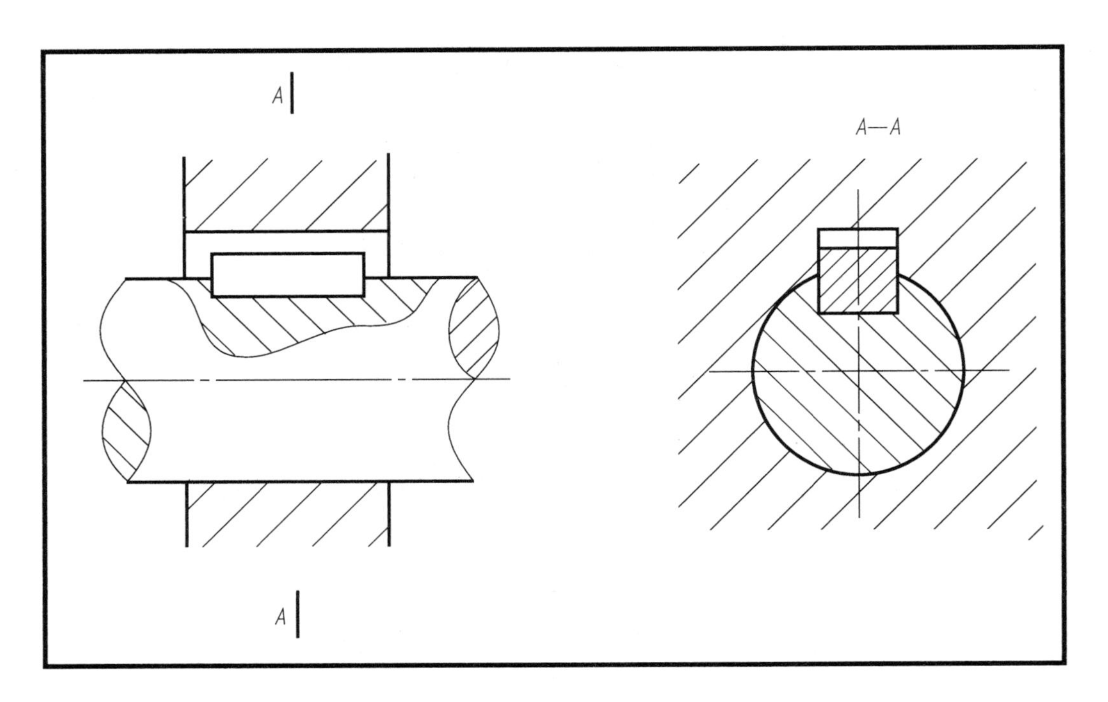

图 3-6

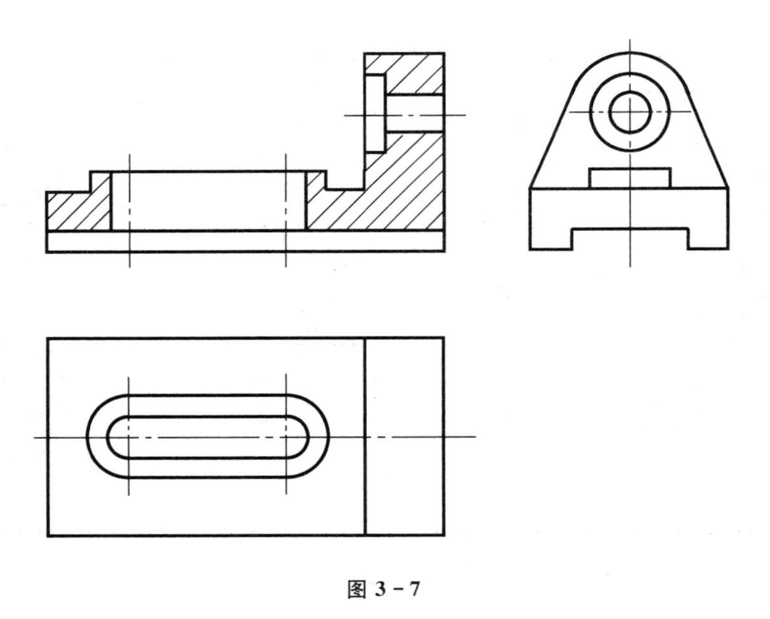

图 3-7

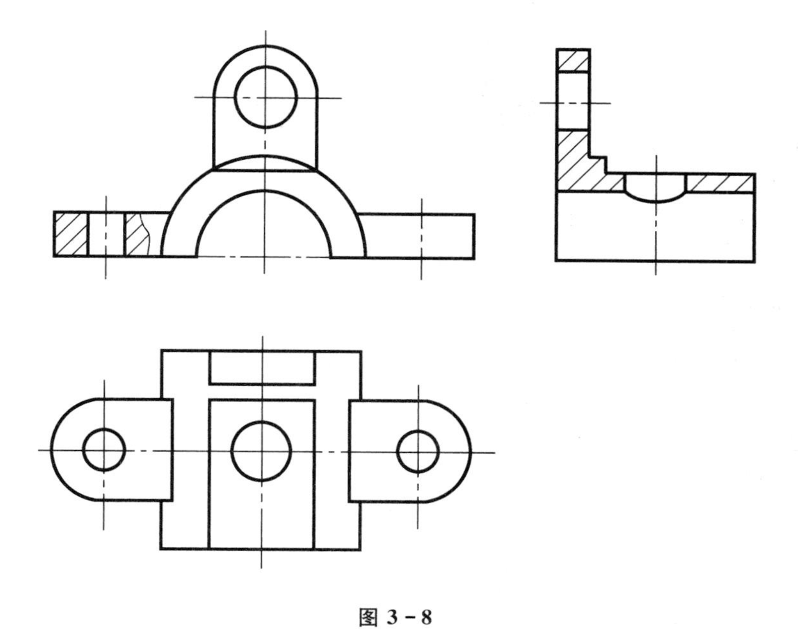

图 3－8

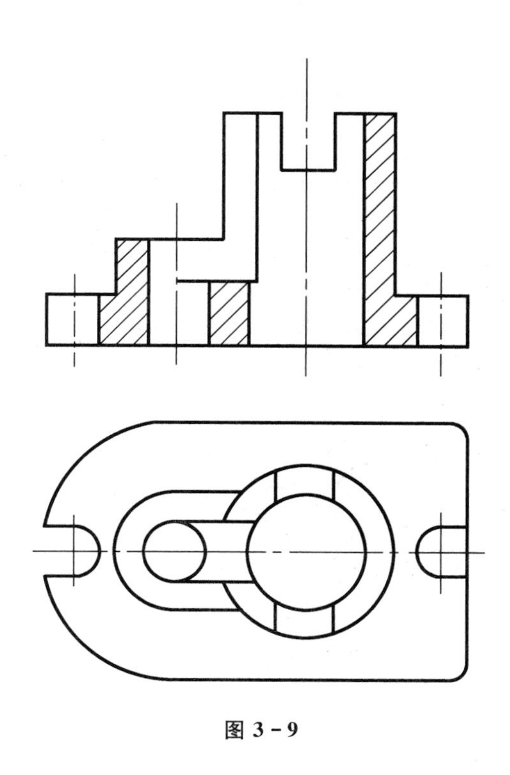

图 3－9

练习四　尺 寸 标 注

一、实验目的

（1）掌握线性尺寸的标注。
（2）掌握尺寸公差的标注。
（3）掌握形位公差的标注。
（4）掌握表面粗糙度的标注。

二、实验内容

标注下列图例。

三、实验步骤

（1）创建尺寸标注样式。
（2）新建标注图层。
（3）标注图例中的各种尺寸。

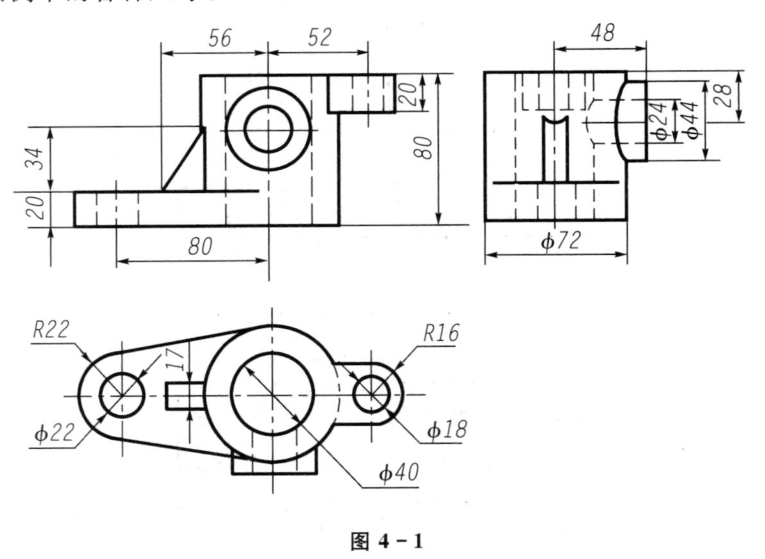

图 4－1

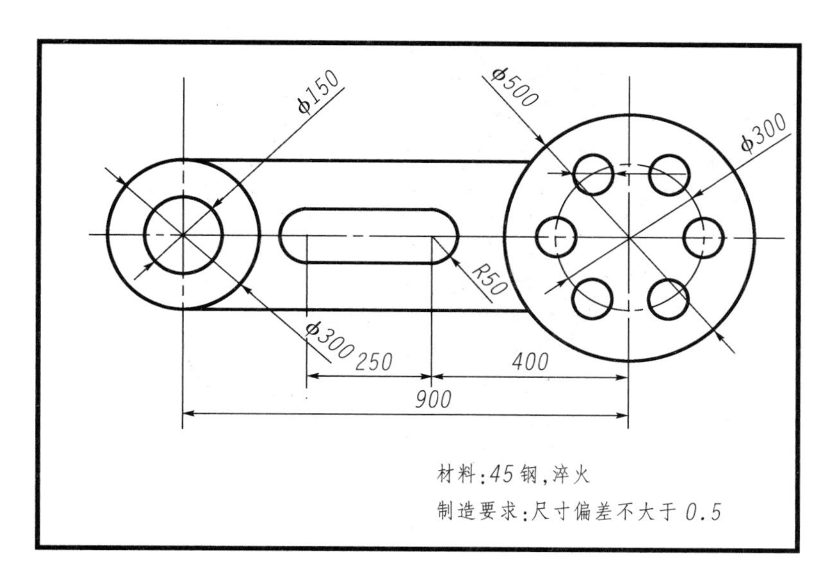
ϕ150
ϕ500
ϕ300
R50
ϕ300
250
400
900
材料:45钢,淬火
制造要求:尺寸偏差不大于0.5

图 4-2

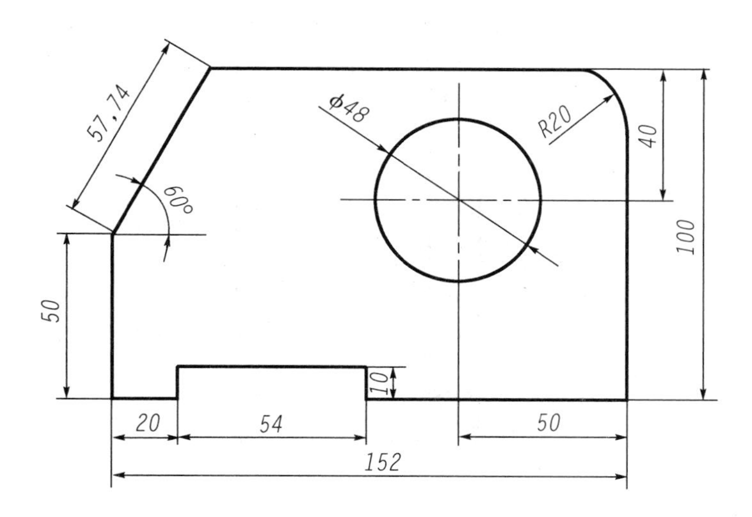
57.74
ϕ48
R20
40
60°
100
50
10
20
54
50
152

图 4-3

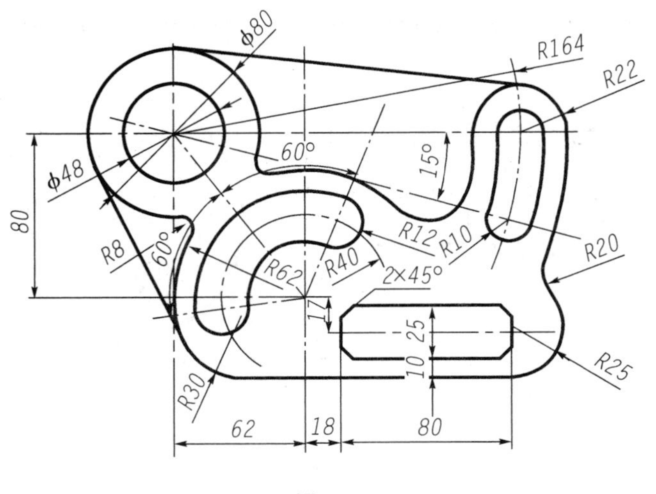

φ80
R164
R22
φ48
60°
15°
80
R8
60°
R12
R10
R20
R62
R40
2×45°
17
25
10
R25
R30
62
18
80

图 4-4

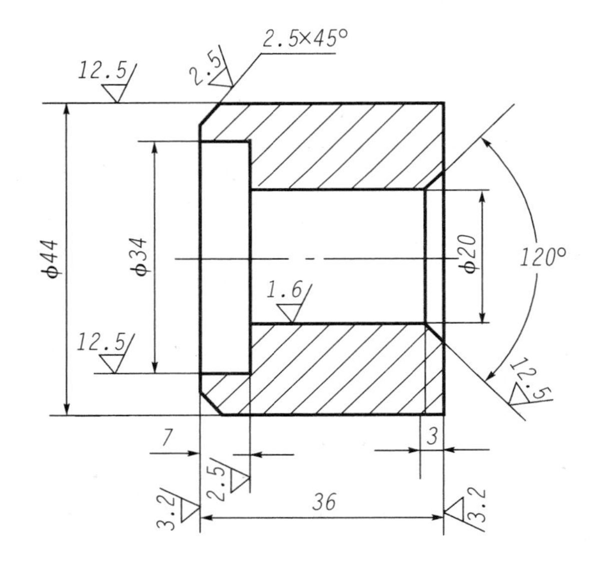

2.5×45°
12.5
2.5
φ44
φ34
φ20
120°
1.6
12.5
12.5
7
3
2.5
3.2
36
3.2

图 4-5

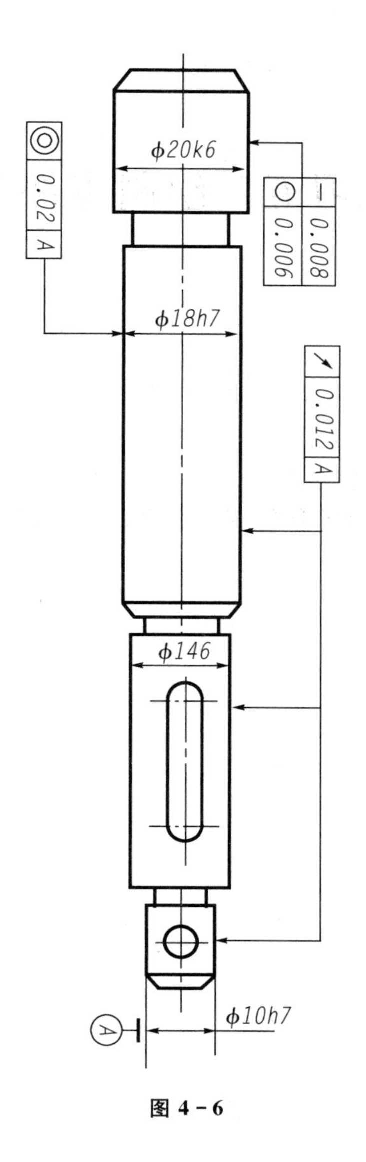

图 4－6

练习五　绘制零件图

一、实验目的

(1) 掌握零件图的画法。
(2) 掌握零件图中的各种表达方法。
(3) 掌握 AutoCAD 的基本绘图命令、编辑命令、尺寸标注和文字注释。

二、实验内容

绘制下列零件图例。

三、实验步骤

(1) 进入 AutoCAD 系统。
(2) 设置图层、颜色、线型和线宽。
(3) 绘制零件图。
(4) 尺寸标注。
(5) 命名存盘。

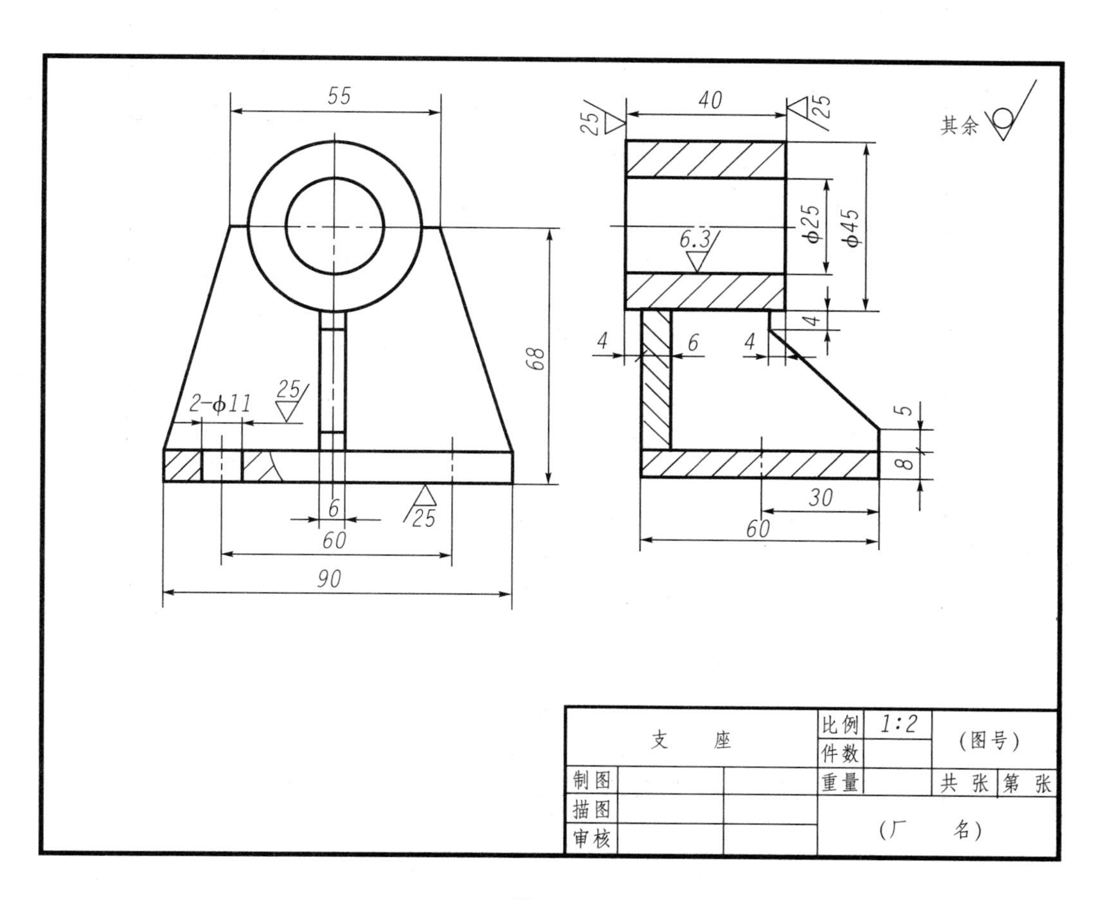

55
40
25
25
其余
φ25
φ45
6.3
68
4
6
4
4
2-φ11
25
5
8
6
25
30
60
60
90
支 座
比例
1:2
(图号)
件数
重量
共 张
第 张
制图
描图
审核
(厂 名)

图 5-1

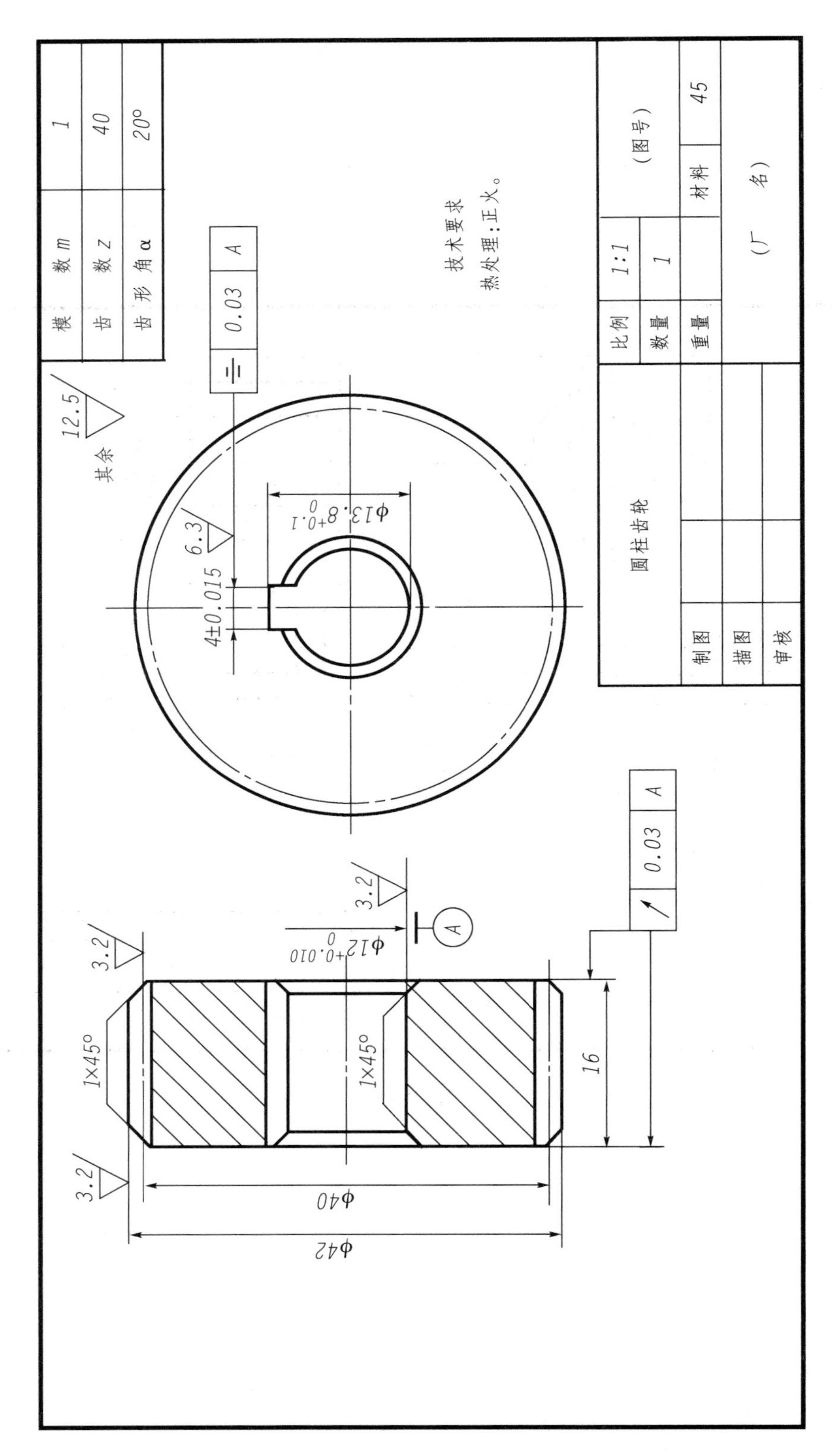
模数 m
1
齿数 z
40
齿形角 α
20°
技术要求
热处理:正火。
其余 12.5
6.3
3.2
0.03 A
4±0.015
φ13.8+0.1 0
φ12+0.010 0
1×45°
16
φ40
φ42
A
圆柱齿轮
比例 1:1
数量 1
重量
材料 45
(图号)
(厂名)
制图
描图
审核

图 5－2

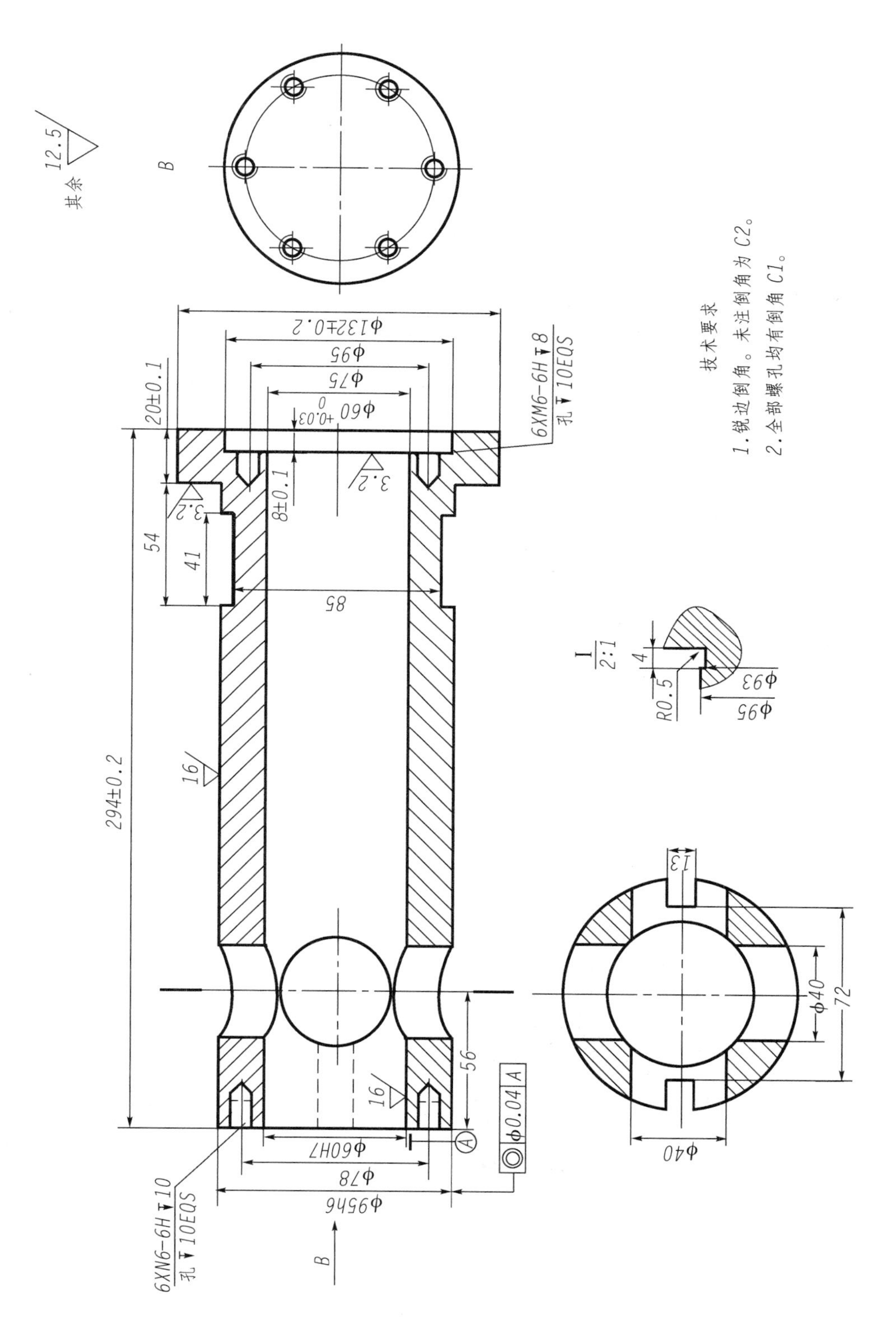

其余 12.5
B
技术要求
1.锐边倒角。未注倒角为C2。
2.全部螺孔均有倒角C1。
φ132±0.2
φ95
φ75
φ60 +0.03 0
20±0.1
6XM6-6H↧8
孔↧10EQS
8±0.1
3.2
54
41
85
I
2:1
4
R0.5
φ93
φ95
294±0.2
16
13
φ40
72
56
φ0.04 A
A
φ60H7
φ78
φ95h6
φ40
6XN6-6H↧10
孔↧10EQS
B

图 5－3

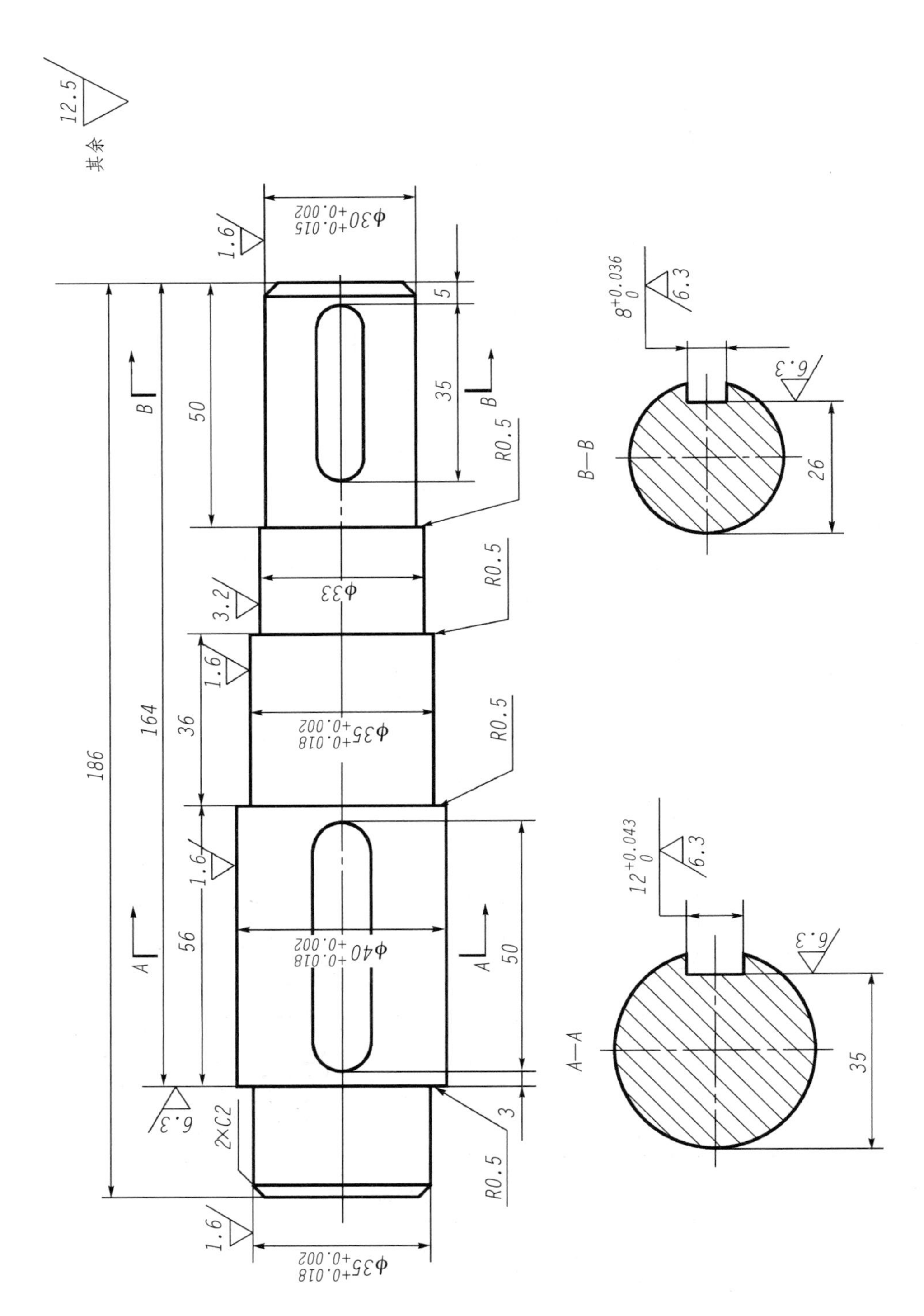

其余 12.5
φ30 +0.015 +0.002
1.6
5
35
50
B
RO.5
φ33
3.2
1.6
36
φ35 +0.018 +0.002
164
186
56
A
50
φ40 +0.018 +0.002
3
2×C2
6.3
RO.5
φ35 +0.018 +0.002
B—B
8 +0.036 0
6.3
26
A—A
12 +0.043 0
35

图 5－4

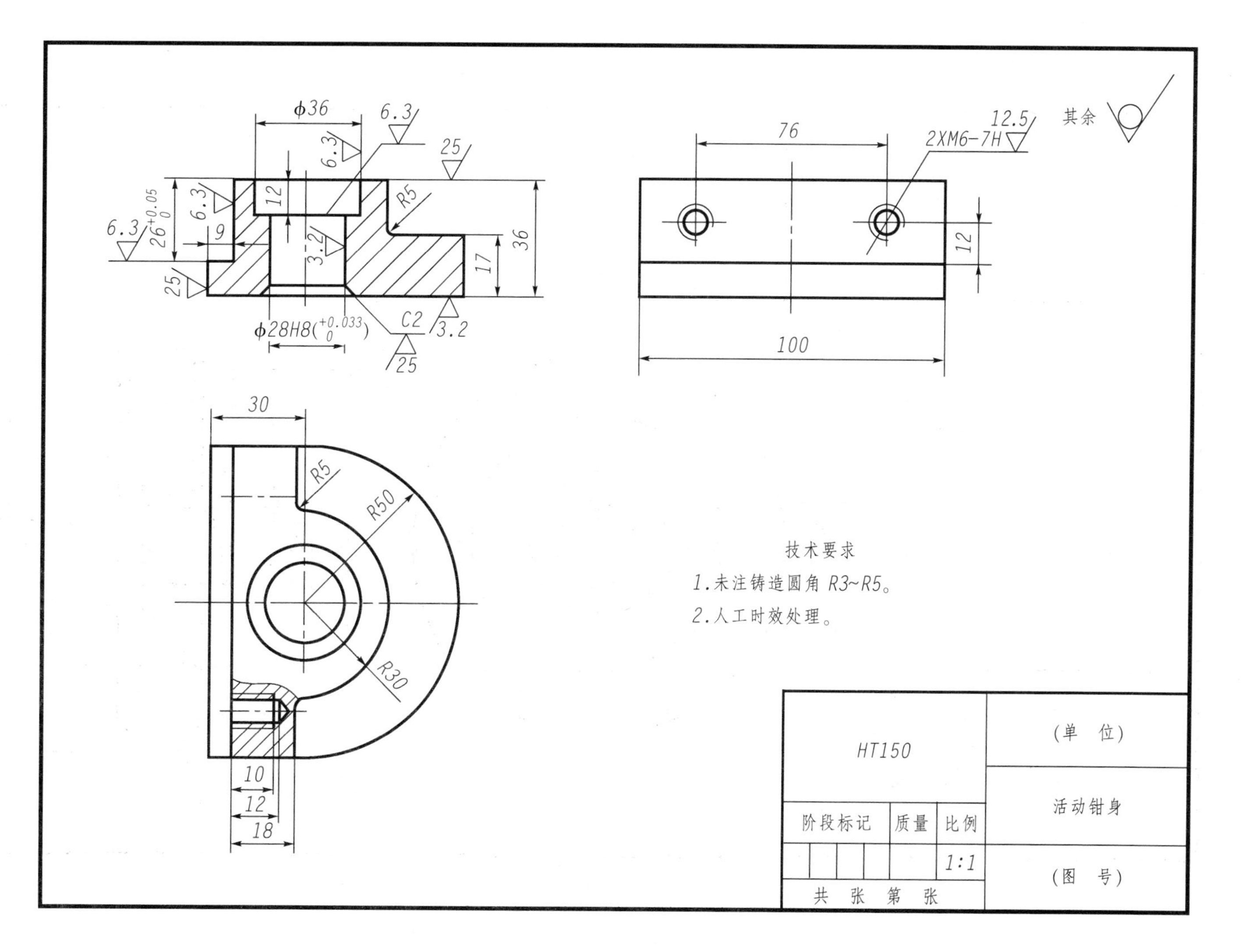
φ36
6.3
25
R5
12
6.3
26+0.05 0
9
3.2
36
17
φ28H8(+0.033 0)
C2
3.2
25
76
12.5
2XM6-7H
其余
12
100
30
R5
R50
R30
10
12
18
技术要求
1.未注铸造圆角R3~R5。
2.人工时效处理。
HT150
(单 位)
活动钳身
阶段标记
质量
比例
1:1
(图 号)
共 张 第 张

图 5-5

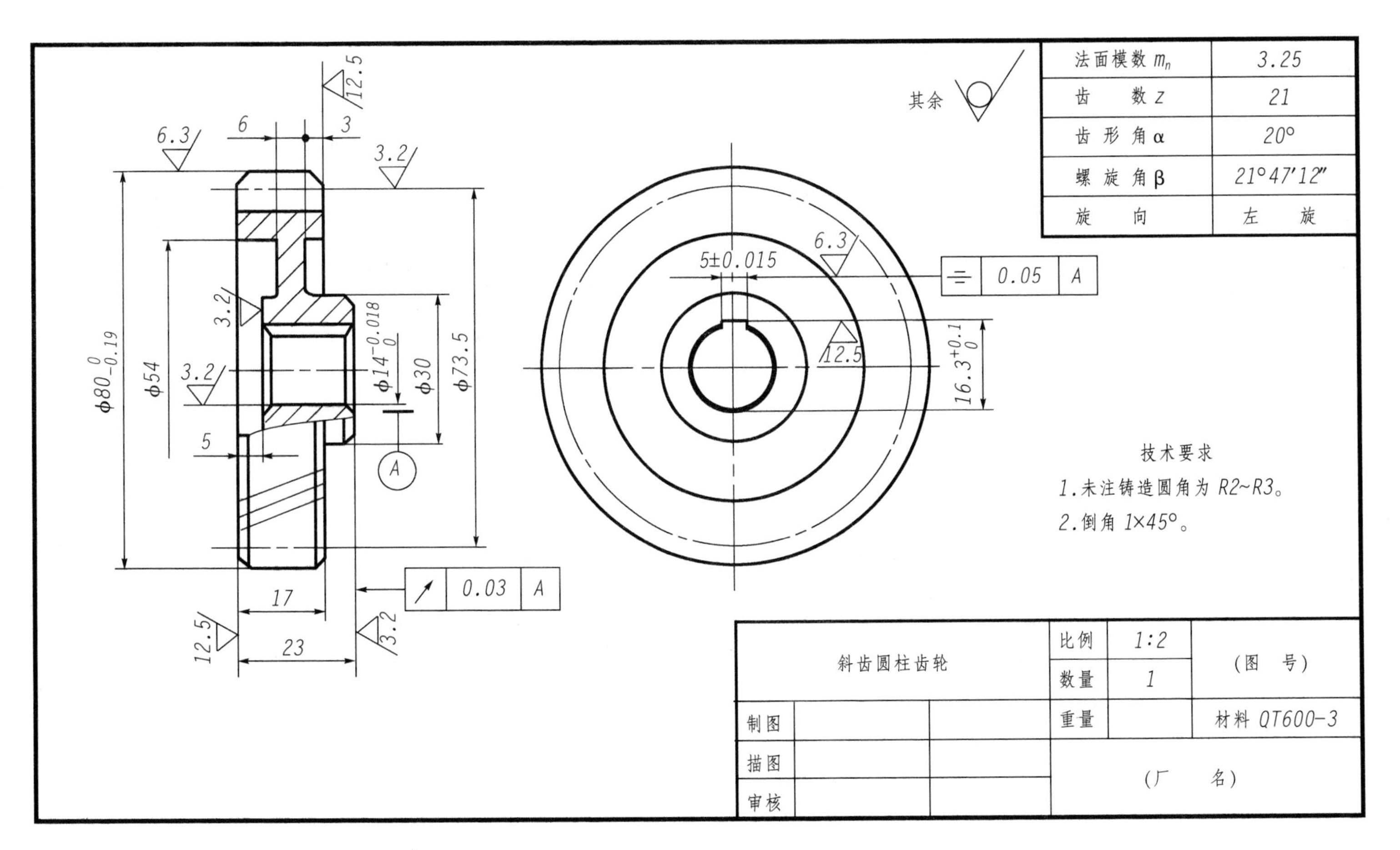
法面模数 m_n 3.25
齿数 Z 21
齿形角 α 20°
螺旋角 β 21°47′12″
旋向 左旋
其余
技术要求
1.未注铸造圆角为R2~R3。
2.倒角1×45°。
斜齿圆柱齿轮
比例 1:2
数量 1
重量
（图号）
材料 QT600-3
制图
描图
审核
（厂名）
5±0.015
0.05 A
16.3+0.1 0
6.3
12.5
0.03 A
φ80 0 -0.19
φ54
φ14 -0.018 0
φ30
φ73.5
A
3.2
6
3
5
17
23

图 5-6

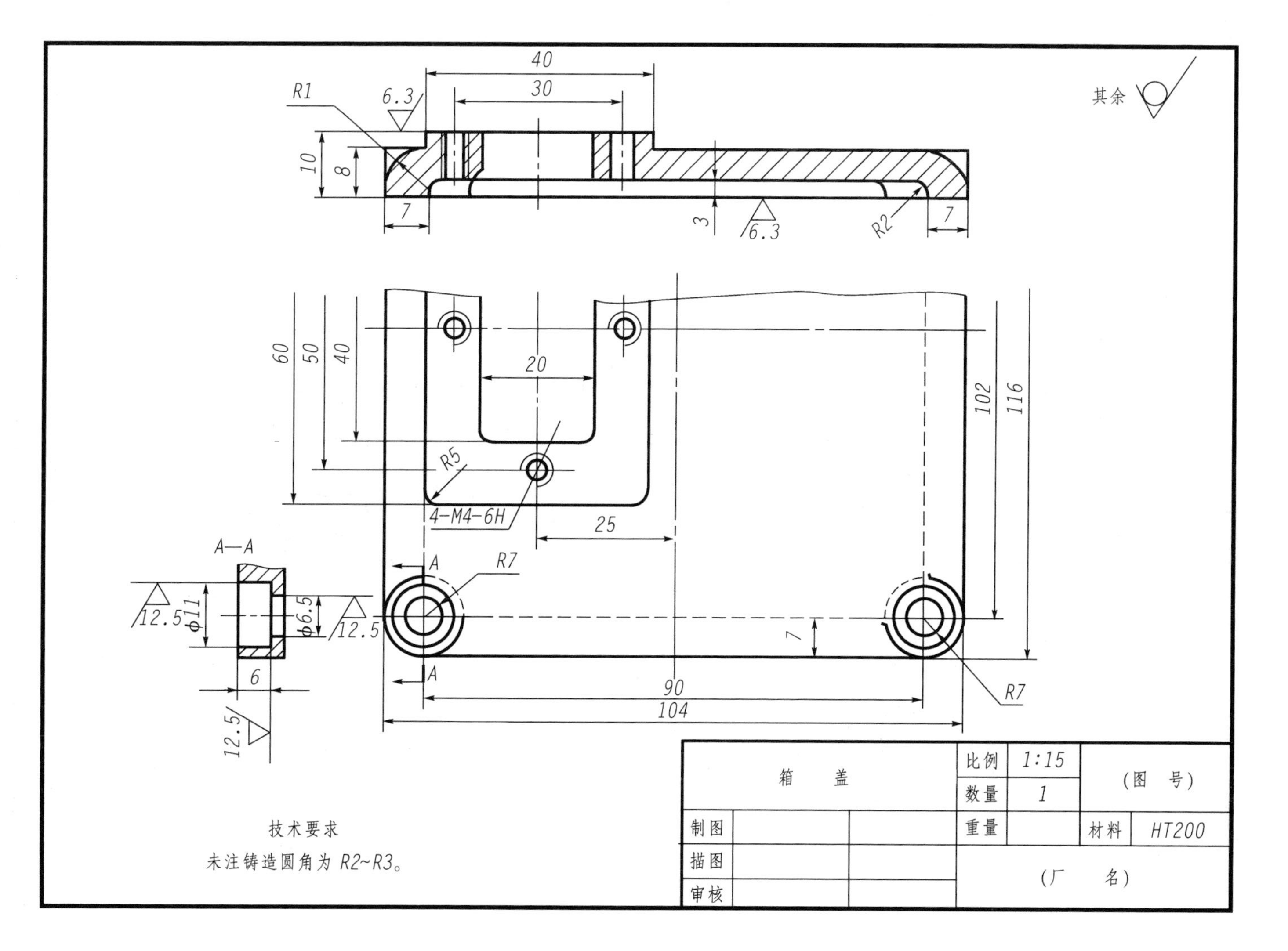
其余
R1
6.3
40
30
10
8
7
3
6.3
R2
7
60
50
40
20
R5
4-M4-6H
25
102
116
A—A
A
R7
12.5
ϕ11
ϕ6.5
12.5
6
12.5
7
90
104
R7
技术要求
未注铸造圆角为R2~R3。
箱　盖
比例 1:15
数量 1
重量
(图　号)
材料 HT200
制图
描图
审核
(厂　名)

图 5－7

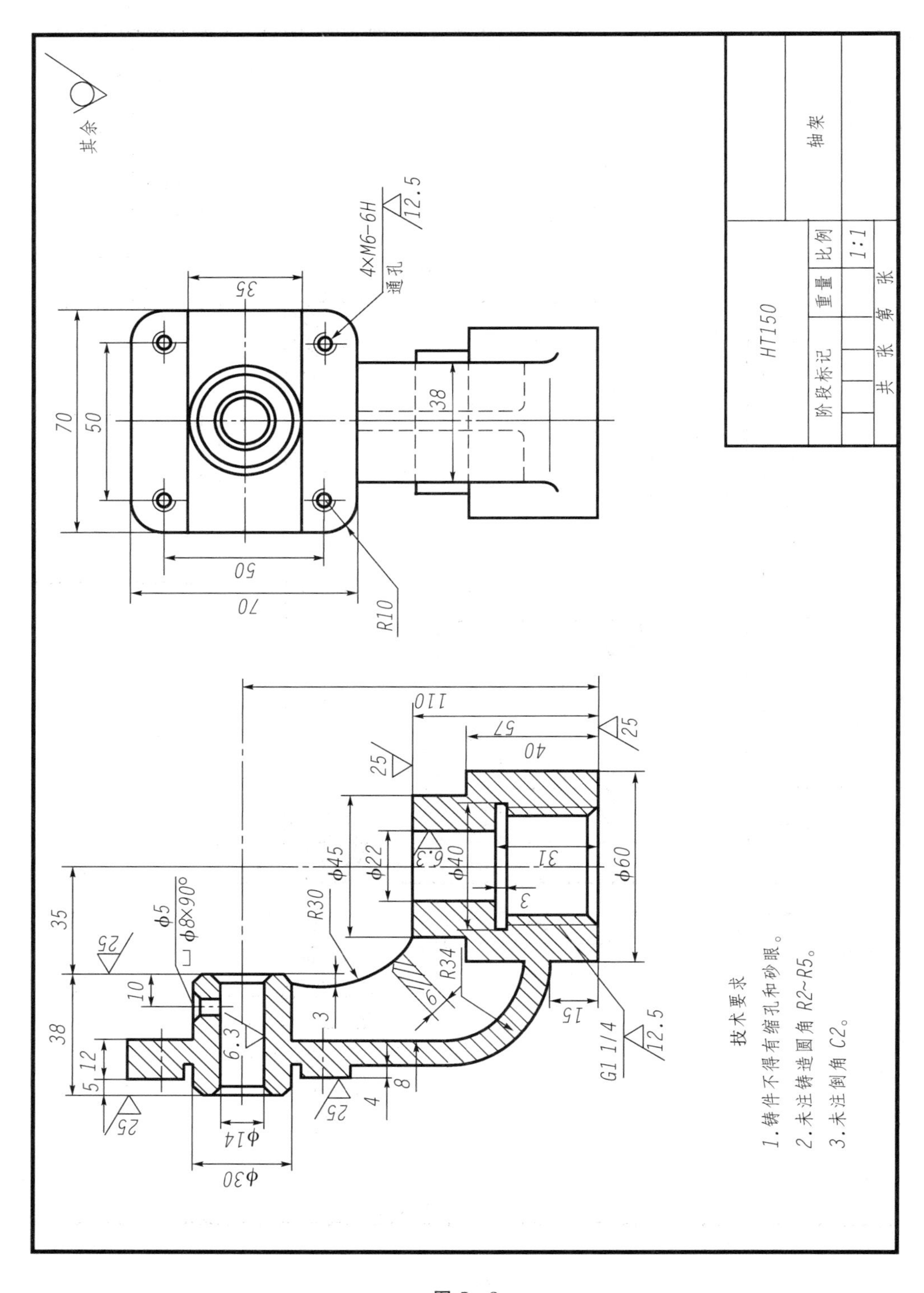
其余
轴架
HT150
阶段标记
重量
比例
1:1
共 张 第 张
4×M6-6H
通孔
技术要求
1.铸件不得有缩孔和砂眼。
2.未注铸造圆角R2~R5。
3.未注倒角C2。
G1 1/4

图 5-8

练习六　绘制三维实体

一、实验目的

（1）掌握用户坐标系的设置。

（2）掌握基本立体的绘制。

（3）掌握拉伸法创建实体。

（4）掌握旋转法创建实体。

二、实验内容

（1）根据三视图绘制轴测图。

（2）直接对三维立体进行造型。

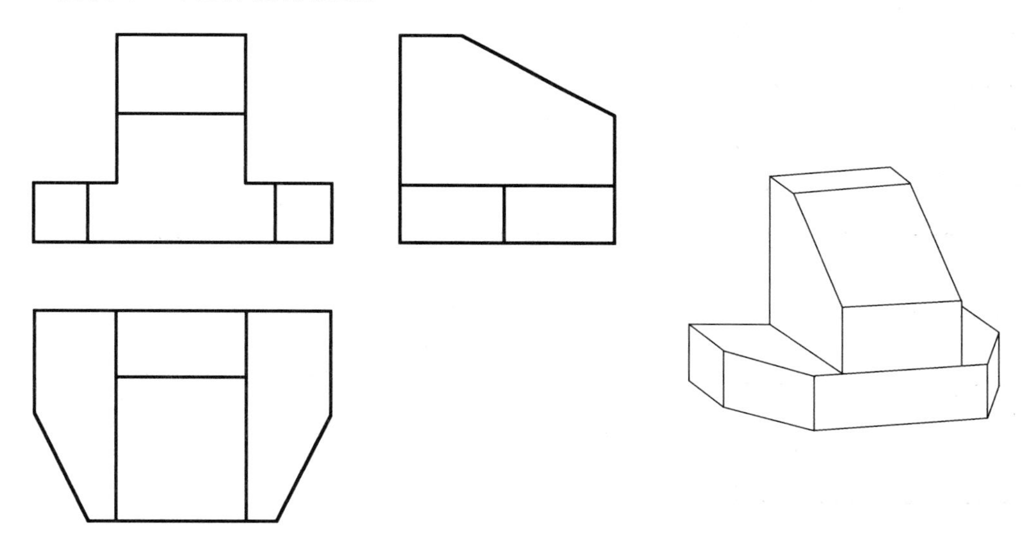

图 6－1

图 6－2

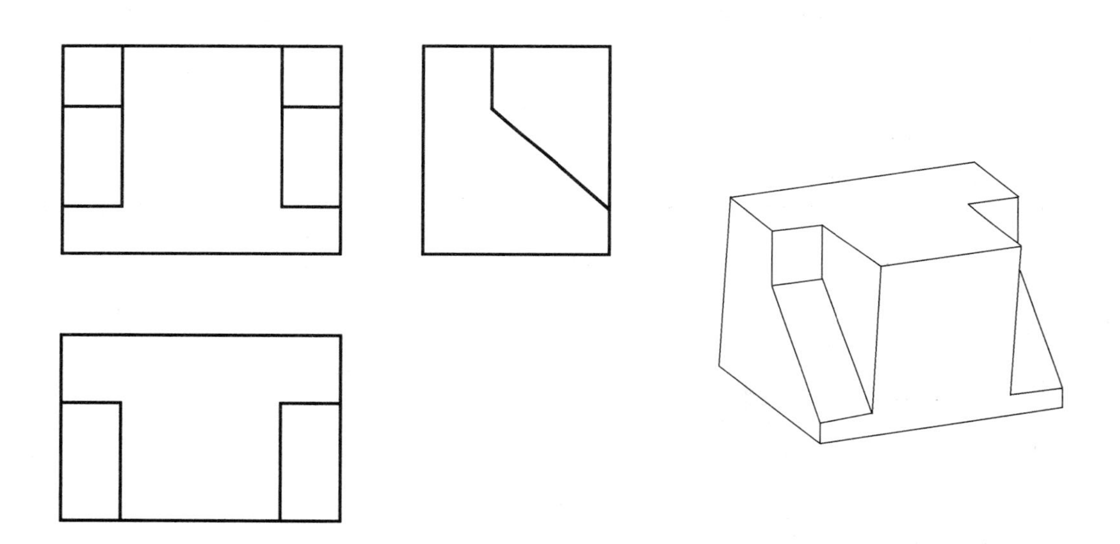

图 6－3

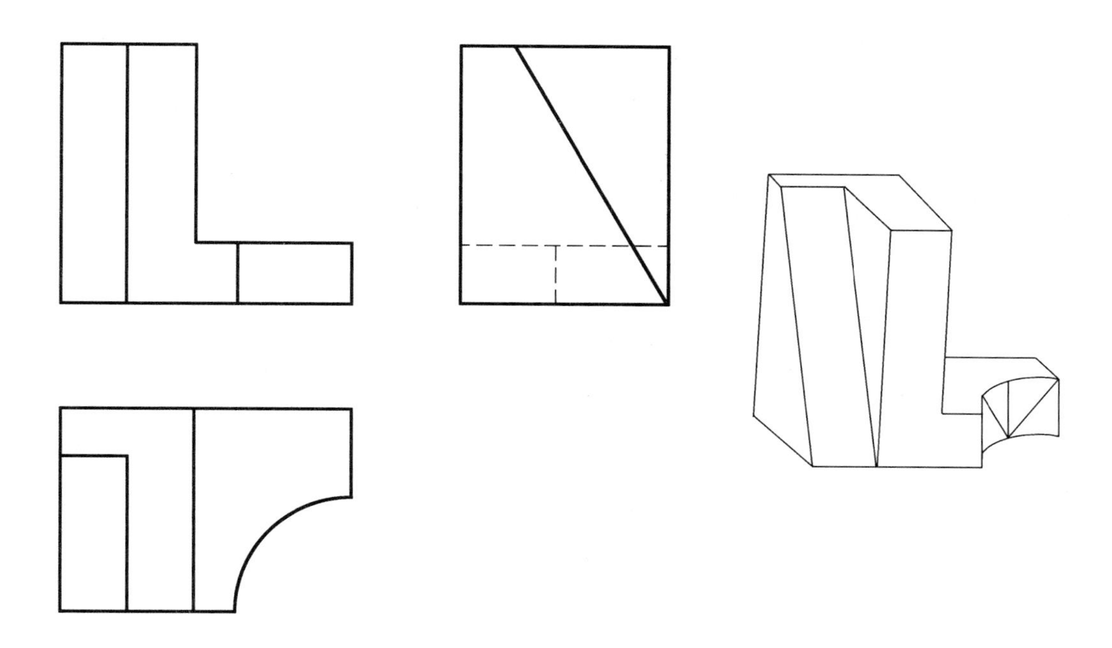

图 6-4

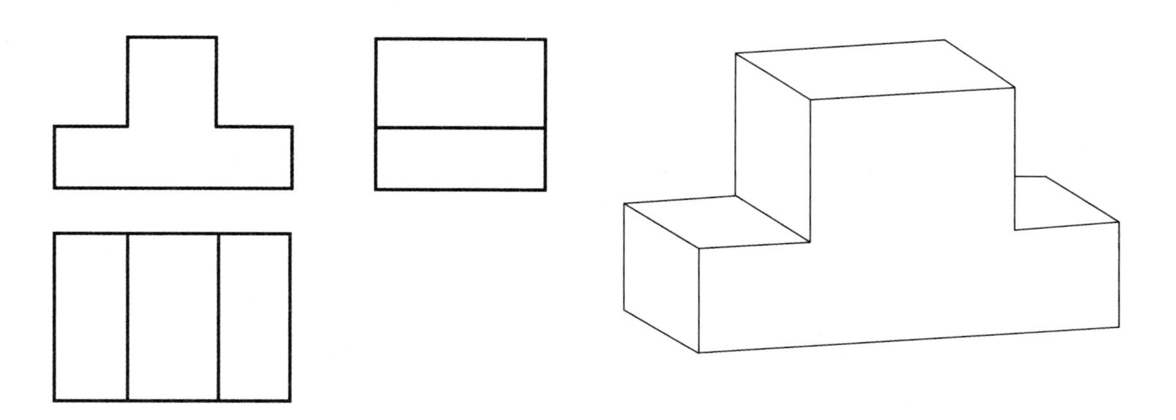

图 6-5

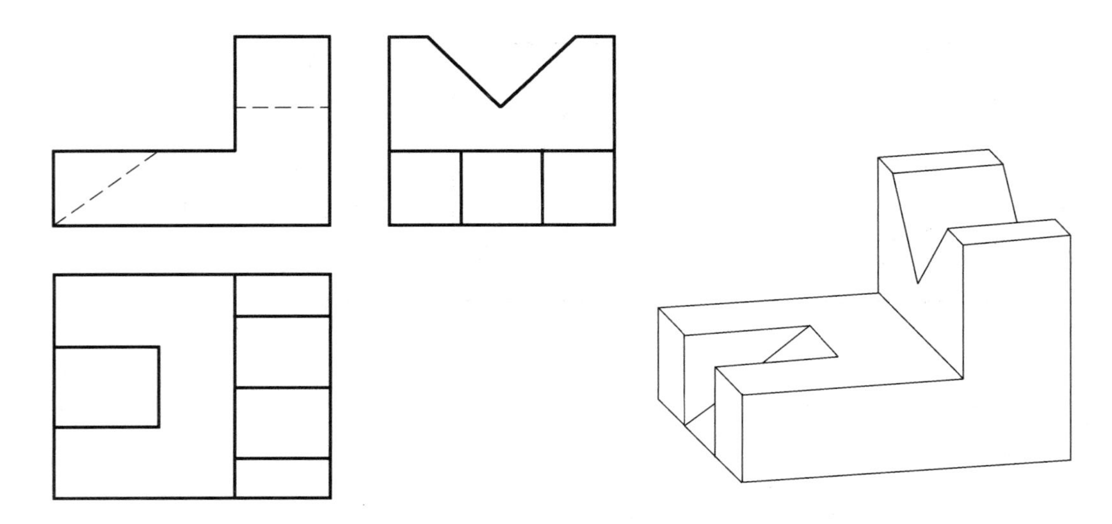

图 6－6

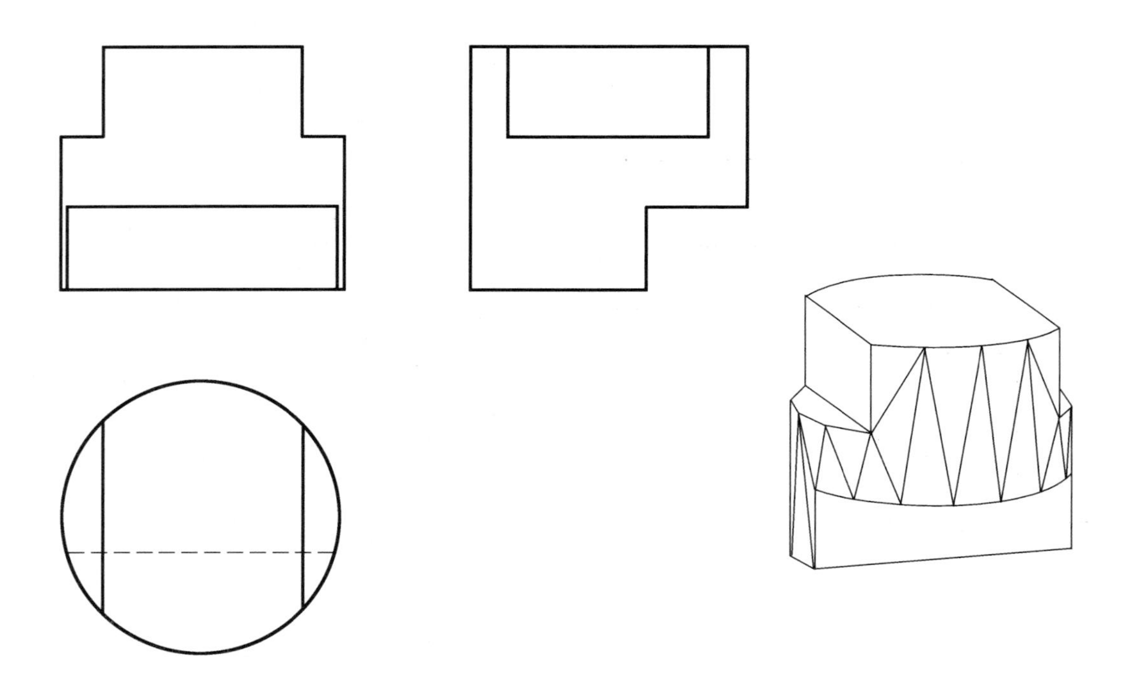

图 6－7

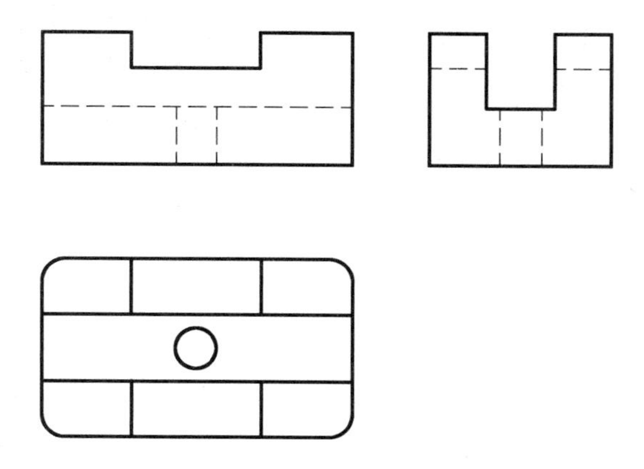

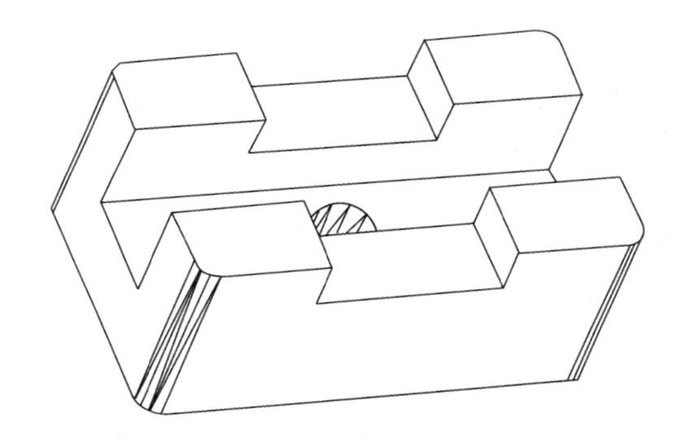

图 6-8

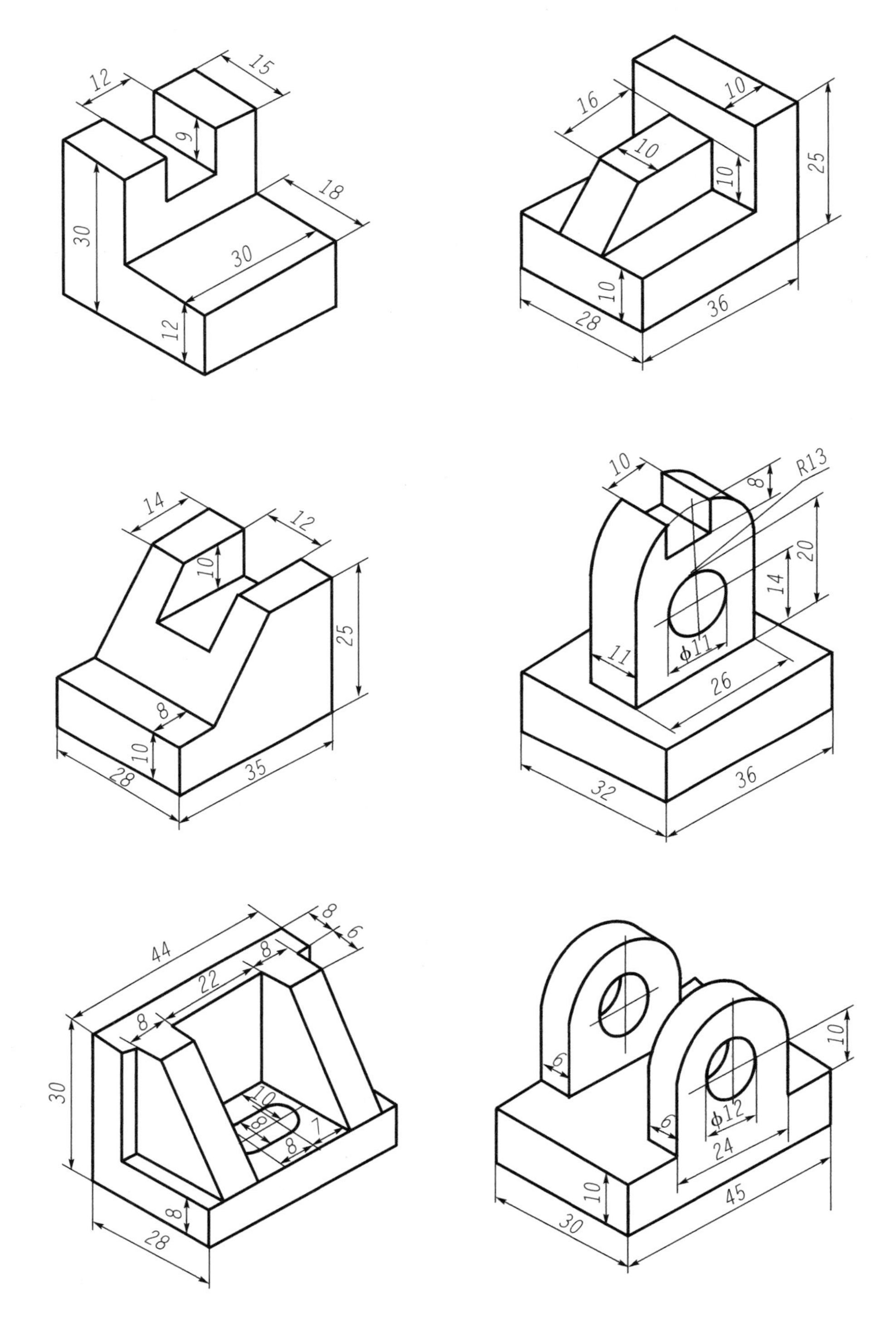
12
15
9
18
30
30
12
16
10
10
10
25
10
28
36
14
12
10
25
8
10
28
35
10
R13
8
20
14
11
ϕ11
26
32
36
44
8
6
8
22
8
30
10
8
7
8
8
28
6
10
6
ϕ12
24
10
30
45

图 6-9

图 6 - 10

图 6－11

图 6－12

图 6－13

图 6－14

参 考 文 献

[1] 张绍忠主编. AutoCAD上机指导与实训. 北京:机械工业出版社,2006.
[2] 陇源杰,徐科主编. AutoCAD2002. 上海:上海交通大学出版社,2003.
[3] 郑阿奇主编. AutoCAD2002实用教程(中文版). 北京:电子工业出版社,2003.
[4] 刘培晨,万永,潘松峰等主编. AutoCAD中文版机械图绘制实例教程. 北京:机械工业出版社,2005.
[5] 姜谷鹏主编. AutoCAD2002实例精粹. 北京:航空工业出版社,2002.
[6] 清汉计算机工作室编著. AutoCAD2000中文版综合应用实例. 北京:机械工业出版社,2000.
[7] 刘二莉主编. 机械制图习题分析与解答. 北京:中国劳动出版社,1998.
[8] 鲁倩主编. AutoCADR14中文版操作百例. 北京:人民邮电出版社,1998.
[9] 葛建中主编. CAD工程制图. 合肥:中国科学技术大学出版社,2004.
[10] 吴永贵,沈景凤,查德根主编. AutoCAD2000实用教程. 上海:复旦大学出版社,2000.
[11] 姚涵珍,陆文秀主编. 机械制图(非机类). 天津:天津大学出版社,2003.
[12] 合肥工业大学制图教研室主编. 怎样看机械制图. 合肥:安徽人民出版社,1973.